数学·统计学系列

# 数学随笔

# Mathematical Essays

单墫 著

哈爾濱工業大學出版社
HARBIN INSTITUTE OF TECHNOLOGY PRESS

## 内 容 简 介

本书是作者近年来在微信中发表的一些数学随笔，每次一篇，涵盖了代数、几何、数论、组合、分析等方面的知识. 日积月累，集成此书. 对热爱解题，希望提高解题技巧的读者极有实用意义. 通过研读本书，不仅可以掌握数学解题的方法，还可以提高数学解题的能力.

本书适合初、高中师生阅读，亦可供数学爱好者参考.

**图书在版编目(CIP)数据**

数学随笔/单墫著. —哈尔滨：哈尔滨工业大学出版社，2021.3(2024.3 重印)

ISBN 978-7-5603-9175-5

Ⅰ. ①数… Ⅱ. ①单… Ⅲ. ①初等数学—文集 Ⅳ. ①O12—53

中国版本图书馆 CIP 数据核字(2020)第 217446 号

策划编辑　刘培杰　张永芹
责任编辑　关虹玲　李　烨
封面设计　孙茵艾
出版发行　哈尔滨工业大学出版社
社　　址　哈尔滨市南岗区复华四道街 10 号　邮编 150006
传　　真　0451—86414749
网　　址　http://hitpress.hit.edu.cn
印　　刷　哈尔滨博奇印刷有限公司
开　　本　787mm×1 092mm　1/16　印张 13.5　字数 235 千字
版　　次　2021 年 3 月第 1 版　2024 年 3 月第 4 次印刷
书　　号　ISBN 978-7-5603-9175-5
定　　价　28.00 元

---

# 序

近年,在微信中,笔者发了一些数学随笔,每次一篇,日积月累,已有一百多篇,集成此书.蒙刘培杰先生不弃,允为出版,不胜感谢.

这本数学随笔,笔者随心所欲地写,读者可以随心所欲地看.与笔者以前的著作相比,它少了一些艰难的数学,多了一些老年人的唠叨.

单墫

2020年4月2日

# 目　　录

# 1. 趣味三题

1. 给定数字 3,7,5,请在等式左边加上运算符号“+”“−”“×”“÷”“$\sqrt{\ }$”及括号,使等式成立(数字 3,7,5 的顺序不能变更).

$$3\quad 7\quad 5\quad =1$$
$$3\quad 7\quad 5\quad =2$$
$$3\quad 7\quad 5\quad =3$$
$$3\quad 7\quad 5\quad =4$$
$$3\quad 7\quad 5\quad =5$$
$$3\quad 7\quad 5\quad =6$$
$$3\quad 7\quad 5\quad =7$$
$$3\quad 7\quad 5\quad =9$$
$$3\quad 7\quad 5\quad =10$$

**解**

$$3-7+5=1$$
$$(3+7)\div 5=2$$
$$\sqrt{(-3+7+5)}=3$$
$$\sqrt{(3\times 7-5)}=4$$
$$3+7-5=5$$
$$3\times(7-5)=6$$
$$\sqrt{-3+7}+5=7$$
$$-3+5+7=9$$
$$\sqrt{-3+7}\times 5=10$$

有点遗憾,运算结果不能为 8.除非允许用更多的符号,如 $3!+7-5=8$,$[\sqrt{3+7}]+5=8$.

2. 甲要赶 4 头牛 $a,b,c,d$,由 $A$ 村到 $B$ 村.$a$ 由 $A$ 到 $B$ 需 1 小时,$b$ 由 $A$ 到 $B$ 需 2 小时,$c$ 由 $A$ 到 $B$ 需 4 小时,$d$ 由 $A$ 到 $B$ 需 5 小时.每次甲可赶两头牛去,时间依照慢的那一头牛算.甲每次需骑一头牛返回.最后 4 头牛全到 $B$ 村.甲至少要用多少小时?

**解** 很容易想到 13 小时的方案:先 $a,d$ 去,$a$ 回;再 $a,c$ 去,$a$ 回;最后 $a,b$ 去.但答案却是 12 小时.

方案是先 $a,b$ 去,$a$ 回;再 $c,d$ 去,$b$ 回;最后 $a,b$ 去.

3. 一个收音机,需要两个好电池才能工作,现有八个外观一样的电池,其中四个好的，四个坏的.将两个电池放进收音机，打开开关，看看能否工作，称为一次操作.最少需几次操作，就能找出两个好电池？

**解** 很多人想到 7 次.但答案却是 6 次.

先取 3 个电池，两个两个地试，经过 3 次，或者已找到 2 个好的电池，或者知道这 3 个中至少有 2 个是坏的.

再取 3 个电池，同样两个两个地试，经过 3 次，或者已找到 2 个好的电池，或者知道这 3 个中至少有 2 个是坏的.

这样，经过 6 次操作，或者已找到 2 个好的电池，或者知道前 6 个电池中有 4 个是坏的，这时剩下来试的 2 个都是好的.

# 2. 好的想法，但不是好的解法

看到网上解下面的题：

$x$ 满足

$$|x|=x+5 \tag{1}$$

求 $x$. 网师（网上讲课的老师，以下简称网师）的解法是

$$|x-0|=|x-(-5)|$$

即 $x$ 到 0 的距离等于 $x$ 到 $-5$ 的距离，所以 $x$ 应为 $-5$ 与 0 的中点，即

$$x=-\frac{5}{2}$$

以上想法是好，但还不是好的解法.

为什么这么说呢？

第一，好的解法应有普适性，上述解法将数形结合，很好. 但有局限. 如题目改为 $|2x|=x+5$ 就费事了.

所以还是从 $x$ 的正负入手较好：

若 $x\geqslant 0$，则 $x=x+5$，无解.

若 $x<0$，则 $-x=x+5$，$x=-\frac{5}{2}$.

这种解法平实，似无技巧，却是普适的解法，大匠不工. 没有技巧反倒是最好的技巧.

第二，数形结合的解法不易想到. 如学生想到，应予表扬，因势利导，讲一讲很好.

如学生未想到，不要急于抛出，还是先讲平实的解法，讨论 $x$ 的正负为好. 因为教学不是向学生炫耀技巧，而是为了让学生学到知识与方法，过分炫耀技巧可能产生老师很神而我很差的副作用. 这种解法可在讲过讨论正负后再讲，或许效果更好.

## 3. 一眼看穿

求解

$$13^2+?^2=85^2$$

有人说这道题的计算量很大，有人用

$$\begin{aligned}&85^2-13^2\\=&(85-13)(85+13)\\=&98\times72\\=&(7\times2\times6)^2\\=&84^2\end{aligned}$$

得出？$=84$.

这结果是正确的. 但这种问题，何必算呢？

想一想

$$85^2-x^2=(85-x)(85+x)=13^2=169$$

而 169 的分解，除了 $13\times13$ 外只有 $1\times169$，$85-x$ 与 $85+x$ 当然不能都是 13，所以

$$85-x=1$$

即

$$x=84$$

熟练的人可以一眼看穿，也应当一眼看穿.

# 4. 小小技巧

分解因式

$$(2a^2-a-15)(2a^2-a-21)-91$$

网师设

$$2a^2-a=t$$

则

$$\begin{aligned}原式&=(t-15)(t-21)-91\\&=t^2-36t+224\\&=\cdots\end{aligned}$$

做法没有问题,只是略繁.可改设

$$2a^2-a-18=s$$

$$\begin{aligned}原式&=(s+3)(s-3)-91\\&=s^2-100\\&=(s+10)(s-10)\\&=\cdots\end{aligned}$$

其中 $-18$ 是 $-15$ 与 $-21$ 的平均数.

这点小小技巧可使式子的数减少,便于计算.

## 5. 重在感觉

因式分解，灵活多变，最重要的是对于式的感觉，要培养这种感觉.

**例**　分解 $9x^4-3x^3+7x^2-3x-2$.

看到一位网师，大讲多项式的有理根，并逐一检验. 这个方法当然有效，但往往太慢，不如直接观察式子本身的特点. 显然 $-3x^3$ 与 $-3x$ 可以提取公因式 $-3x$，即

$$-3x^3-3x=-3x(x^2+1)$$

如果其余部分也能有因式 $x^2+1$，岂不美哉！

心想事成，真有

$$\begin{aligned}9x^4+7x^2-2&=9x^4+9x^2-2x^2-2\\&=9x^2(x^2+1)-2(x^2+1)\\&=(x^2+1)(9x^2-2)\end{aligned}$$

因此

$$\begin{aligned}\text{原式}&=(x^2+1)(9x^2-3x-2)\\&=(x^2+1)(3x-2)(3x+1)\end{aligned}$$

**注**　1. $9x^4+7x^2-2$ 亦可用十字相乘，直接得出

$$9x^4+7x^2-2=(x^2+1)(9x^2-2)$$

2. 熟悉复数的可以看出 i 是 $9x^4-3x^3+7x^2-3x-2$ 的根（$9+3\mathrm{i}-7-3\mathrm{i}-2=0$）. 因此 $x^2+1$ 是原式的因式.

# 6. 何必自寻烦恼

一道城市竞赛题：求出方程

$$x^2-x+1=(x^2+2x+4)(x^2+x+1) \tag{1}$$

的全部实根.

一位网师提供了两种做法，一种是展开整理化成四次方程

$$x^4+3x^3+6x^2+7x+3=0$$

然后看出这四次方程有一根 $-1$，……，最后化成

$$(x+1)^2(x^2+x+3)=0$$

得出实根为 $x=-1$(二重根).

然后，他又提供了一种方法，化原方程为分式方程

$$\frac{(x^2+2x+4)(x^2+x+1)}{x^2-x+1}=0 \quad (下略)$$

做得很繁，真不知道他为什么要这样做，通常是化繁为简，化分式方程为整式方程，而他却反其道而行之，可谓开倒车，自寻烦恼，何必呢？更何况，这样做还误导了学生.

如要简化方程，可以化为

$$x^2-x+1=(x+1)^2(x^2+x+1)+3(x^2+x+1)$$

从而

$$(x+1)^2(x^2+x+1)+2(x+1)^2=0$$

即

$$(x+1)^2(x^2+x+3)=0$$

实根为 $x=-1$(重根).

本题可以化为一个因式分解的题：

分解 $(x^2+2x+4)(x^2+x+1)-(x^2-x+1)$.

**解**

$$\begin{aligned}原式&=(x+1)^2(x^2+x+1)+2(x^2+2x+1)\\&=(x+1)^2(x^2+x+3)\end{aligned}$$

先展开为四次式，虽然也算正常，却不够简单.

# 7.“绝对难题”

下面的这道题号称八年级的“绝对难题”.

若关于 $x$ 的多项式 $ax^3+bx^2-2$ 的一个因式是 $x^2+3x-1$,求 $a$ 与 $b$.

说是“绝对难题”,太夸张了!

这里提供两种解法.

**解法一** $x^2+3x-1$ 是 $ax^3+bx^2-2$ 的因式,也就是 $x^2+3x-1$ 与另一个多项式相乘得 $ax^3+bx^2-2$.

另一个多项式当然是一次多项式(因为 $x^2+3x-1$ 是二次的,而乘积 $ax^3+bx^2-2$ 是三次的,所以另一个多项式的次数是 $3-2=1$).

这个一次多项式首项系数当然是 $a(a=a\div 1)$,常数项应是 $(-2)\div(-1)=2$,所以它就是 $ax+2$,并且

$$(ax+2)(x^2+3x-1)=ax^3+bx^2-2 \tag{1}$$

比较一下式(1)两边 $x^2$ 的系数得

$$2+3a=b \tag{2}$$

比较一下式(1)两边 $x$ 的系数得

$$6-a=0 \tag{3}$$

所以 $a=6,b=20$.

其实一开始就设另一多项式为 $cx+d$ 也无不可.

**解法二** $(ax^3+bx^2-2)-2(x^2+3x-1)$

$=ax^3+(b-2)x^2-6x$

也有一个因式为 $x^2+3x-1$,即 $x[ax^2+(b-2)x-6]$ 有一个因式为 $x^2+3x-1$,所以

$$\frac{a}{1}=\frac{b-2}{3}=\frac{-6}{-1} \tag{4}$$

从而 $a=6,b=3\times 6+2=20$.

严格说来,解法二用到 $x$ 与 $x^2+3x-1$ 互质,所以 $x^2+3x-1$ 是 $ax^2+(b-2)x-6$ 的因式.这些地方教师应当心中有数,却不必(至少暂时不必)与学生说.

# 8. 敏捷

华杯赛曾有一道填空题：

求正整数 $x$，使 $x^2+15x+26$ 为非零的平方数.

需要较快地得出答案，可以先找一个与 $x^2+15x+26$ 接近的平方数，$x^2$ 当然是平方数，但与 $x^2+15x+26$ 差得多了些.

$$x^2+15x+26=(x+7)^2+x-23$$

平方数 $(x+7)^2$ 与 $x^2+15x+26$ 颇为接近，如果 $x=23$，那么这平方数就是 $x^2+15x+26$. 换言之，$x=23$ 时，$x^2+15x+26$ 是平方数.

很快得到了答案，敏捷！

敏捷好啊！唐代诗人李白，诗写得快，“敏捷诗千首”.

敏捷与否大概与对数学的感觉有关，印度天才数学家拉马努金(Ramanujan)的感觉就特别好.

敏捷，应当鼓励，应当培养，应当发扬. 但思维的深刻性与敏捷性相比，更为重要.

上面的题，我们很快得到一个答案，但会不会还有其他答案(即唯一性)? 怎么才能求出所有的答案?

下面我们介绍一种解法.

注意到，$x^2+15x+26$ 可以分解为 $(x+2)(x+13)$，有

$$(x+13)-(x+2)=11$$

所以 $x+13$ 与 $x+2$ 互质，或者最大公约数为 11.

设 $(x+13)(x+2)=m^2$，$m$ 为正整数.

如果 $(x+13, x+2)=1$，那么

$$x+13=k^2$$
$$x+2=h^2$$

这里 $k, h$ 为正整数，并且 $kh=m$.

由以上二式得 $11=k^2-h^2$，不难得出

$$k=6, h=5, x=23$$

(知道 $36-25=11$，可以敏捷地得出结果).

如果 $(x+13, x+2)=11$，那么

$$\frac{x+13}{11}=k^2, \frac{x+2}{11}=h^2$$

$$kh=\frac{m}{11}, k^2-h^2=1$$

但不存在正整数的平方差为1，所以只有 $x=23$ 这一个正整数解(由上面的解法不难得出整数解还有 $x=-38$).

如果给出的二次多项式不是像 $x^2+15x+26$ 这种能分解因式的呢？那就需要用到 Pell 方程了. It is a long story.

葉中豪五十初度作詩賀之 二〇一六年八月二十二日
當年號小瘋 如今成封翁 聲名震海內 豪情
傳域中 煙是披里純 酒必飲大鍾 永遠
樂呵呵 不忌增臃腫 乘興去希臘 會見
老歐公 四壁盡圖形 變化妙無窮 勗勉
諸學勤 多播花草種 既已知天命 立言
當為重 應有名山作 不必藏山峰 早日
呈世人 亦是一大功 說罷水陸獻 弦歌

# 9. 平方数

求所有的正整数 $n$,使得

$$n^4 - 4n^3 + 22n^2 - 36n + 18$$

为平方数.

这个问题不难,解通常仅有有限多个,对绝大多数的 $n$,上式夹在两个连续平方数之间,而又与这两个平方数不等,因而不是平方数.

当然,具体的做法还是可以讨论的.

首先,当 $n=1$ 时,上式为 1,是平方数.

设 $n \geqslant 2$,我们知道

$$(n-1)^4 = n^4 - 4n^3 + 6n^2 - 4n + 1$$

所以

$$\begin{aligned} & n^4 - 4n^3 + 22n^2 - 36n + 18 \\ = & (n-1)^4 + 16n^2 - 32n + 17 \\ = & (n-1)^4 + 16(n-1)^2 + 1 \\ < & ((n-1)^2 + 8)^2 \end{aligned}$$

另一方面

$$((n-1)^2 + 7)^2 = (n-1)^4 + 14(n-1)^2 + 49$$

在 $2(n-1)^2 > 49 - 1$ 时

$$((n-1)^2 + 7)^2 < n^4 - 4n^3 + 22n^2 - 36n + 18$$

即 $n \geqslant 6$ 时,$n^4 - 4n^3 + 22n^2 - 36n + 18$ 严格地夹在两个连续平方数 $((n-1)^2 + 7)^2$ 与 $((n-1)^2 + 8)^2$ 之间,因而不是平方数.

当 $n=2,3,4,5$ 的情况不难验证.

当 $n=2$ 时,$(n-1)^4 + 16(n-1)^2 + 1 = 18$ 不是平方数.

当 $n=3$ 时,$(n-1)^4 + 16(n-1)^2 + 1 = 16 + 64 + 1 = 81 = 9^2$.

当 $n=4$ 时,$(n-1)^4 + 16(n-1)^2 + 1 \equiv 1 + 0 + 1 = 2 \pmod 4$ 不是平方数.

当 $n=5$ 时,$(n-1)^4 + 16(n-1)^2 + 1 \equiv 1 + 1 + 1 = 3 \pmod 5$ 不是平方数.

因此,答案为 $n=1,3$.

本题用 $n-1$ 代替 $n$ 讨论,稍便利.

# 10. 又一个平方数

求所有正整数 $n$,使得

$$3^n + 2\ 019 + n^2$$

是平方数.

本题有含 $n$ 的指数函数,比多项式麻烦,不过,指数函数增长得快,$n$ 很大时,这式子的性质主要由 $3^n$ 决定,即大约为$(3^{\frac{n}{2}})^2$,从而 $n$ 应为偶数.

首先,$n$ 的确应为偶数,因为 $n$ 为奇数时

$$\begin{aligned}3^n + 2\ 019 + n^2 &\equiv 3 - 1 + 1 \\ &= 3 \pmod 4\end{aligned}$$

不是平方数.

于是,设 $n = 2m$,有

$$45^2 = 2\ 025 < 3^2 + 2\ 019 + 2^2$$

$$46^2 = 2\ 116 = 3^4 + 2\ 019 + 4^2$$

所以 $n = 4$ 是解,$n = 2$ 不是解.

在 $m$ 足够大时,应有

$$\begin{aligned}3^{2m} &< 3^{2m} + 2\ 019 + 4m^2 \\ &< (3^m + 1)^2\end{aligned} \tag{1}$$

事实上,$m \geqslant 7$ 时,$3^m > 2\ 019$.

$$\begin{aligned}2 \times 3^m &> 2\ 019 + 3^m \\ &= 2\ 019 + (2 + 1)^m \\ &> 2\ 019 + \frac{m(m-1)(m-2)}{1 \times 2 \times 3} \times 2^3 \\ &= 2\ 019 + 4m \times \frac{(m-1)(m-2)}{3} \\ &> 2\ 019 + 4m^2\end{aligned}$$

所以 $m \geqslant 7$ 时,$3^n + 2\ 019 + n^2$ 不是平方数.

$m = 3, 4, 5, 6$ 的情况不难验证,当然利用同余可以省去一些计算.

在 $m = 3$ 或 $6$ 时

$$3^n + 2\ 019 + n^2 \equiv 3 \pmod 9$$

所以 $3^n + 2\ 019 + n^2$ 不是平方数.

在 $m = 5$ 时

$$3^n + 2\ 019 + n^2 \equiv 4 - 1$$
$$= 3 \pmod 5$$

所以 $3^{10} + 2\ 019 + 10^2$ 不是平方数.

又

$$93^2 - 81^2 = 12 \times 174 = 2\ 088 > 2\ 019 + 8^2 > 92^2 - 81^2$$

所以 $3^8 + 2\ 019 + 8^2$ 不是平方数.

因此,答案为 $n = 4$.

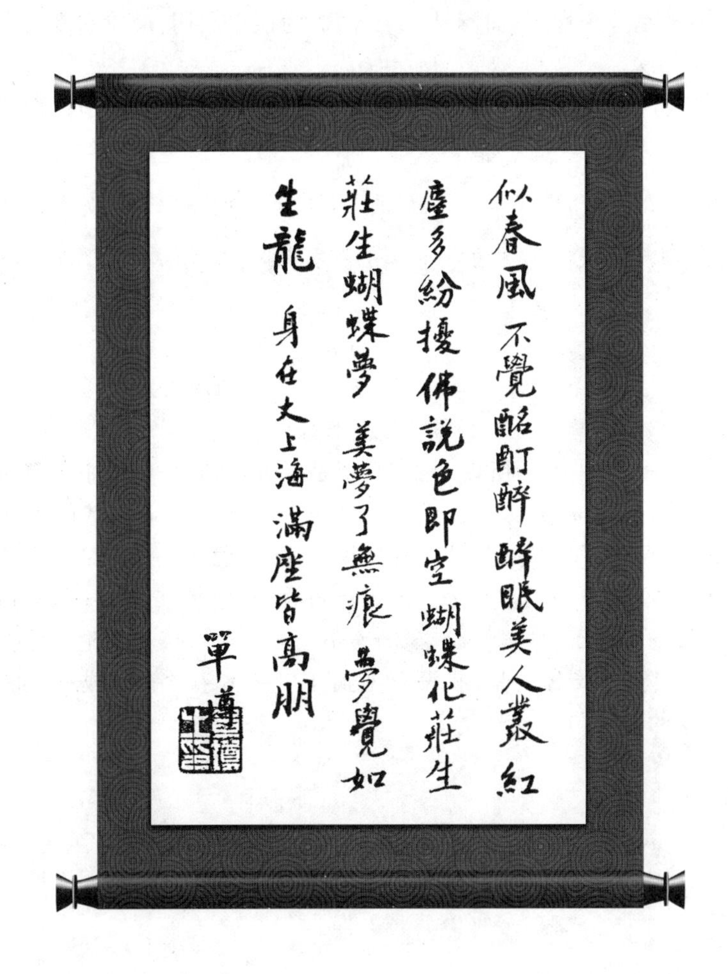

# 11. 不是平方数

见到一个关于平方数的帖：

已知正整数 $d, n$ 满足 $d \mid 2n^2$，求证：$n^2 + d$ 不是平方数.

这类证明题，对于初学者并不容易. 首先，“不是 ……”，应当用反证法：“假设 $n^2 + d$ 是平方数”，然后设法导致矛盾.

一个困难是已知条件“$d \mid 2n^2$”如何利用？

$d$ 整除 $2n^2$，是一个性质，而不是一个等式，为便于利用，应将它变为等式

$$2n^2 = kd \tag{1}$$

其中 $k$ 是正整数，(1) 是一个等式，便于利用，当然得到(1)，也有代价，即多了一个字母 $k$.

由(1) 可得 $d = \frac{2n^2}{k}$，再代入 $n^2 + d$(消去 $d$)，但为何不用乘法呢？乘法胜过除法；不出现分数，具体做法是假设 $n^2 + d$ 是平方数，那么 $k^2(n^2 + d)$ 也是平方数，而

$$\begin{aligned} k^2(n^2 + d) &= k^2 n^2 + k^2 d \\ &= k^2 n^2 + k \cdot 2n^2 \quad (\text{利用}(1)) \\ &= n^2(k^2 + 2k) \end{aligned}$$

但 $k^2 < k^2 + 2k < (k + 1)^2$，所以 $k^2 + 2k$ 不是平方数，其分解式中必有质因数的指数不是偶数，从而 $n^2(k^2 + 2k)$ 的质因数分解式中也有质因数的指数不是偶数，$n^2(k^2 + 2k)$ 不是平方数. 这与上面所说矛盾，从而 $n^2 + d$ 不是平方数.(在二次方程 $ax^2 + bx + c = 0$ 的求根公式的推导过程中，也是乘以 $4a$ 更好：$4a(ax^2 + bx + c) = (2ax)^2 + 4abx + 4ac = (2ax + b)^2 + 4ac - b^2$. 在数论中的类似的方程更显出乘比除好. 奇怪的是，我没有见到任何一本中学教材或相关的中学书籍用乘以 $4a$ 的方法.)

# 12. 都是平方数

有两道与平方数有关的问题：

1. 已知整数 $a,b$，满足：对任意正整数 $n$，$2^n a+b$ 都是平方数. 求证：$b$ 是平方数.

2. 已知整数 $a,b$，满足：对任意正整数 $m,n$，$am^2+bn^2$ 都是平方数. 求证：$a$，$b$ 都是平方数.

题中条件“任意”两个字很重要. 应当知道 $n$ 很大时，$2^n$，$n^2$ 都很大，这是我们应有的感觉.

为叙述方便起见，我们先建立一个引理.

**引理**　对任一正数 $c$，都有正整数 $n$，使得

$$2^n > c$$

证法很多，我们尽量用低年级学生已有的知识：

小于正数 $c$ 的自然数只有有限多个（$1,2,\cdots,[c]$），而 $2,2^2,2^3,\cdots$ 有无穷多个. 因此，其中必有一个超过 $c$.

回到题 1.

当 $b=0$ 时，结论已真，设 $b\neq 0$.

在 $a<0$ 时，由引理，取 $n$，使 $2^n>b$，则

$$2^n a+b\leqslant -2^n+b<0$$

不是平方数.

在 $a>0$ 时，由引理，取 $n$ 使

$$2^n\cdot a>b^2-b$$

则在 $2^n a+b$ 为平方数 $d^2(d>0)$ 时，$d>|b|$.

若 $b>0$，则

$$2^{n+2}a+b<4(2^n a+b)=(2d)^2$$

并且

$$2^{n+2}a+b=(2d)^2-3b>4d^2-4d+1=(2d-1)^2$$

从而 $2^{n+2}a+b$ 不是平方数.

若 $b<0$，则同样有

$$(2d)^2<2^{n+2}a+b<(2d+1)^2$$

从而 $2^{n+2}a+b$ 不是平方数.

因此，必有 $a=0$，并且 $b$ 为平方数.

题 2 与题 1 类似.

如果 $b=0$，那么 $am^2$ 为平方数，从而 $a$ 为平方数.

如果 $b\neq 0$，取 $n=1$，则 $am^2+b$ 对一切正整数 $m$ 为平方数（包括 $m$ 为 2 的幂），所以根据上面所证，必有 $a=0$，$b$ 为平方数.

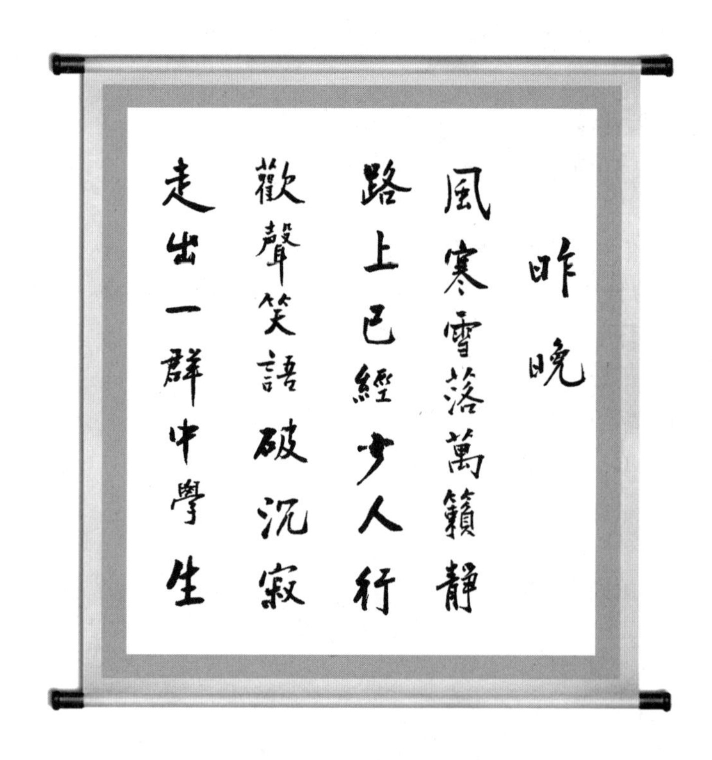

# 13. 昏昏，昭昭

看到一位网师讲因式分解

$$(a+b)^3+(b+c)^3+(c+a)^3+a^3+b^3+c^3$$

这位网师用了一个公式

$$(x+y)^3=x^3+y^3+3xy(x+y)$$

然后将它写成

$$x^3+y^3=(x+y)^3-3xy(x+y) \tag{1}$$

利用这个公式，他得到

$$(a+b)^3+c^3=(a+b+c)^3-3c(a+b)(a+b+c) \tag{2}$$

……

做得很繁，繁得“惨不忍睹”，只有“……”了.

明明有现成的公式

$$x^3+y^3=(x+y)(x^2-xy+y^2) \tag{3}$$

他偏不用，“折腾”出一个公式(2)（其实，(2)还不如(3)简洁）.

当然，他将$(a+b)^3$与$c^3$配在一起，倒是不错的，但应当用(3).

$$\begin{aligned}(a+b)^3+c^3&=(a+b+c)[(a+b)^2-(a+b)c+c^2]\\&=(a+b+c)(a^2+b^2+c^2+2ab-ac-bc)\end{aligned}$$

字母轮换，可得其他二式，将三式相加得

$$\begin{aligned}&(a+b)^3+(b+c)^3+(c+a)^3+a^3+b^3+c^3\\=&3(a+b+c)(a^2+b^2+c^2)+(2\sum ab-\sum ac-\sum bc)(a+b+c)\\=&3(a+b+c)(a^2+b^2+c^2)\end{aligned}$$

“贤者以其昭昭使人昭昭，今以其昏昏使人昭昭.”（《孟子·尽心下》）

原先因式分解，有7个公式，后来初中教材只留下3个与平方有关的，将4个与立方有关的全删了，大为不妥. 可能以为这样“减负”，其实教得多，考得少，才是减负，教得少，考得多，反会增加师生及家长的负担.

这位网师大概不熟悉立方和公式，所以做繁了，不怨他，怨那些乱改教材的“教育家”.

# 14. 怎么做简单

下面这道题，怎么做简单一些？

定义：若两个分式的和为 $n$，则称它们互为“$n$ 和”.

(a) 设正数 $x$，$y$ 互为倒数，求证：分式$\frac{2x}{x+y^2}$与$\frac{2y}{y+x^2}$互为“2 和”.

(b) 若 $a$，$b$ 为正数，分式$\frac{a}{a+4b^2}$与$\frac{2b}{a^2+2b}$互为“1 和”，求 $ab$ 的值.

题不难，但应尽量做得简单.

两个分式相加，应当将分母变为相同的. 如果可能的话，最好保持一个不变，将另一个的分母化成与它相同的，所以(a)的解法是

$$\frac{2x}{x+y^2}+\frac{2y}{y+x^2}=\frac{2x}{x+y^2}+\frac{2y^2}{y(y+x^2)}$$
$$=\frac{2x}{x+y^2}+\frac{2y^2}{y^2+x}=\frac{2(x+y^2)}{x+y^2}=2$$

因此$\frac{2x}{x+y^2}$与$\frac{2y}{y+x^2}$互为“2 和”.

即第一个分式保持不变，将第二个分式的分子、分母同乘以 $y$，从而第二个分式的分母变为与第一个分式相同的分母.

当然也可以保持第二个分式不变，将第一个分式的分子、分母同乘以 $x$，效果相同.

如果用$(x+y^2)(y+x^2)$做公分母，那么就增加了麻烦. 不过，在上面的做法办不到时，也只能如此.

(b) 的解法是由等式

$$\frac{a}{a+4b^2}+\frac{2b}{a^2+2b}=1 \tag{1}$$

将左边的一项移到右边，例如将第二项移过去得

$$\frac{a}{a+4b^2}=1-\frac{2b}{a^2+2b}=\frac{a^2}{a^2+2b} \tag{2}$$

然后约去 $a$，再去分母得

$$a^2+2b=a(a+4b^2)$$

消去 $a^2$，得

$$2b=4ab^2$$

从而

$$2ab=1$$

即

$$ab=\frac{1}{2}$$

本题将(1)的左边移一项到右边，可使运算简化，如直接将左边两个分式相加，就较为麻烦.

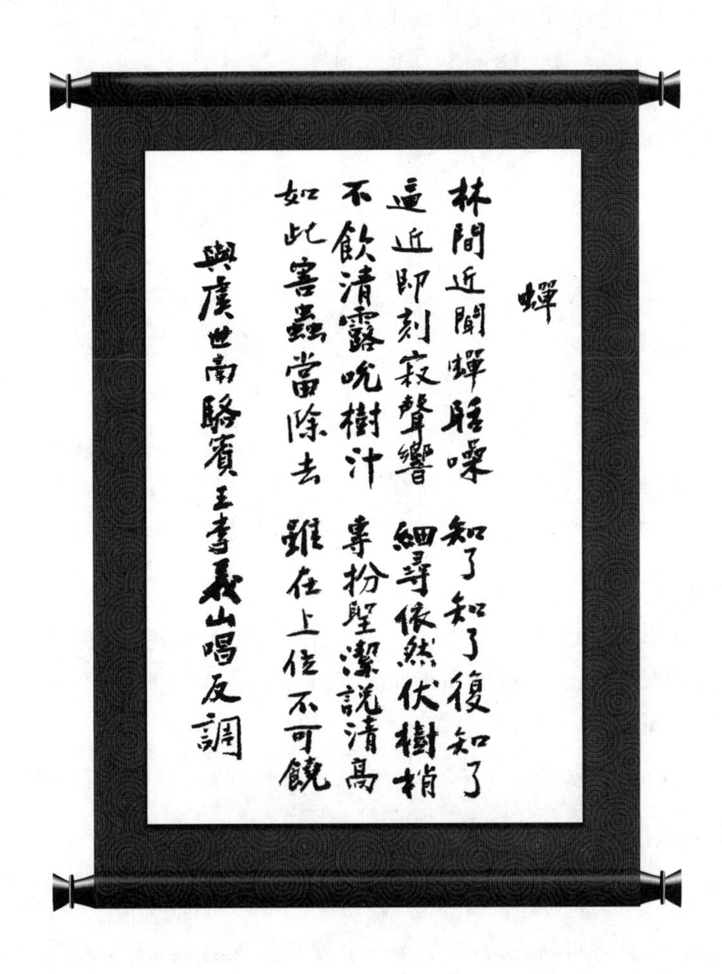

# 15. 一点感想

看了一篇文章，我感到悲哀，奥数的培训，的确有走上错路的可能.

我们不应当增添一些不必要的结论或定理. 如这样的结论：

"若$\frac{1}{a}+\frac{1}{b}+\frac{1}{c}=\frac{1}{a+b+c}$，则 $a,b,c$ 中必有两数互为相反数."

更不应当教学生背诵这些结论并用之解题. 如"分式方程

$$\frac{1}{x+2}+\frac{1}{2x+3}+\frac{1}{3x-4}=\frac{1}{6x+1}$$

的解是________." 我曾见到一个解答写成：

因

$$(x+2)+(2x+3)+(3x-4)=6x+1$$

故

$$x+2=-(2x+3), x_1=-\frac{5}{3}$$

或

$$x+2=-(3x-4), x_2=\frac{1}{2}$$

或

$$2x+3=-(3x-4), x_3=\frac{1}{5}$$

这种解法，依赖于上面的结论.

学数学，重要的是培养感觉、学习方法，而不是多记结论、硬套结论(当然，重要的结论、定理是要记一些的，所谓重要即通常书本中有的，而不只存在于一些"奥数专家"的"秘籍"中).

我认为上面的命题"若$\frac{1}{a}+\frac{1}{b}+\frac{1}{c}=\frac{1}{a+b+c}$，则 $a,b,c$ 中必有两数互为相反数"可以让学生推，而绝不要让学生记. 遇到分式方程

$$\frac{1}{x+2}+\frac{1}{2x+3}+\frac{1}{3x-4}=\frac{1}{6x+1}$$

应鼓励学生观察，发现可将左边的(任)一个分式移到右边(使等式两边较为均匀，这是一种良好的感觉)，经过加、减运算，两边分式的分子有相同因式，例如将$\frac{1}{3x-4}$移到右边，得出

$$\frac{3x+5}{(x+2)(2x+3)}=-\frac{3x+5}{(6x+1)(3x-4)}$$

从而

$$3x+5=0$$

或

$$(6x+1)(3x-4)=-(x+2)(2x+3)$$

而这种移项后,使两边分式变为分子有相同因式,正是证明命题"若$\frac{1}{a}+\frac{1}{b}+\frac{1}{c}=\frac{1}{a+b+c}$,则 $a,b,c$ 中必有两数互为相反数"的方法.

这种方法,应当学习,结论则不必背诵.

记结论似乎是走捷径,其实增加了学生的负担,而且削弱了他们自己观察、发现解法的能力(在几何方面,这种情况似乎更多).

为培养上述观察能力,这里给出两个例子.

解分式方程:

(1) $\frac{1}{x+2}+\frac{1}{2x+3}+\frac{2}{3x-4}=\frac{2}{6x+1}$;

(2) $\frac{2}{x+2}+\frac{1}{2x+3}+\frac{2}{3x-4}=\frac{1}{6x+1}$.

**解** (1) 将$\frac{2}{3x-4}$移到右边,整理得

$$\frac{3x+5}{(x+2)(2x+3)}=\frac{-2(3x+5)}{(3x-4)(6x+1)}$$

所以

$$3x+5=0$$

或

$$2(x+2)(2x+3)+(3x-4)(6x+1)=0$$

后者无实根,只有 $x=-\frac{5}{3}$ 是原方程的根.

(2) 将$\frac{1}{2x+3}$移到右边,整理得

$$\frac{2(4x-2)}{(x+2)(3x-4)}=\frac{-(4x-2)}{(2x+3)(6x+1)}$$

所以

$$4x-2=0$$

或

$$2(2x+3)(6x+1)+(x+2)(3x-4)=0$$

前者得 $x=\frac{1}{2}$,后者得 $x=\frac{1}{9}(-7\pm\sqrt{55})$,都是原方程的根.

# 16. “难以置信”的恒等式

今日我看到陈嘉昊君的一篇“一类分母为 $a-b$ 的不等式”，其中提及几个“难以置信”的恒等式

$$\sum \frac{(a+b)(b+c)}{(a-b)(b-c)}=-1 \tag{1}$$

$$\sum \frac{ac}{(a-b)(b-c)}=-1 \tag{2}$$

$$(1-b^2)(1-c^2)=(1-bc)^2-(b-c)^2 \tag{3}$$

$$\sum \frac{(1-ab)(1-bc)}{(a-b)(b-c)}=-1 \tag{4}$$

我写的《代数的技巧与魅力》中，正好有一个恒等式

$$\sum \frac{(x-b)(x-c)}{(a-b)(a-c)}=1 \tag{5}$$

这个恒等式(5)，1977 年刚恢复高考那年，一大批插队知青回来恶补文化课，我要他们化简左边，竟没有几个人能得出正确答案. 一晃四十多年了.

其实化简并不难，初中水平足够.

当然，更简单的方法是利用多项式恒等定理(在上述我写的书中有介绍)，即如果两个次数不大于 $n$ 的 $x$ 的多项式，在 $n+1$ 个不同的 $x$ 值处取相等的值，那么这两个多项式恒等.

现在，在 $x=a,b,c$ 时，(5) 的左边为 1，右边也为 1，所以两边恒等，即(5) 成立.

与(5) 类似，可得

$$\sum \frac{(x-b)(x-c)}{bc(a-b)(a-c)}=\frac{x}{abc} \tag{6}$$

亦即

$$\sum \frac{a(x-b)(x-c)}{(a-b)(a-c)}=x \tag{7}$$

回到开始的问题.

在(5) 中，令 $x=0$，得(2).

在(5) 中，令 $x=a+b+c$，得(1).

在(6) 中，令 $x=abc$，得(4).

(3) 更显然了，视它的两边为 $b$ 的多项式，在 $b=\pm 1, c$ 时，两边相等，所以(3) 恒成立. 当然，直接展开证明(3) 的两边相等也不困难.

# 17. 再简单些

看到一道印尼赛题：

设 $a,b,c$ 为三个正整数

$$c=a+\frac{b}{a}-\frac{1}{b} \tag{1}$$

求证：$c$ 为平方数.

一些公布的解答似乎还不够简单，可以再简单些.

由(1)，$c=a+\frac{b^2-a}{ab}$，$c,a$ 都是整数，可知 $b\mid(b^2-a)$，从而 $b\mid a$. 设 $a=bq$，则

$$\frac{b^2-a}{ab}=\frac{b-q}{bq}$$

$bq\mid(b-q)$，从而 $b\mid q$，$q\mid b$，于是 $q=b$(或由 $\left|\frac{b}{a}-\frac{1}{b}\right|=\left|\frac{1}{q}-\frac{1}{b}\right|<1$，并且 $\frac{b}{a}-\frac{1}{b}=\frac{b^2-a}{ab}$ 是整数得出它为 0，即 $q=b$)，$a=b^2$，并且

$$c=a=b^2$$

本题的本质是最后的式子 $c=a=b^2$. 在较复杂的一些解答中，这一点并没有体现出来.

越是简单的解法，越能反映问题的本质. 解题，其实就是要揭示问题的本质.

## 18. 解答应完整

"迎春杯"有一道题：

使得 $m^2+1$ 是质数，且

$$10(m^2+1)=n^2+1 \tag{1}$$

的整数对 $(m,n)$ 有________对.

不难找出一些解.

"$m^2+1$ 是质数"是要求，也是条件，记这质数为 $p$.

易知在 $m=1,2,4$ 时，$p=2,5,17$ 是质数，但 $p=2$ 时，$20\neq n^2+1$；$p=5$ 时，$n=7$；$p=17$ 时，$n=13$.

于是，已有两组解

$$(m,n)=(2,7),(4,13)$$

$m,n$ 也可为负数，这样就有 8 组解

$$(m,n)=(\pm 2,7),(\pm 2,-7),(\pm 4,13),(\pm 4,-13)$$

当 $m\geqslant 5$ 时，$p$ 更大，式(1)似不易有解了，感觉本题也就这 8 组解.

填上 8 吧！

本题的答案就是 8，很幸运，作为填空题，已经得到满分.

当然，作为完整的解答，还远远不够.

必须证明只有这 8 组解.

证明也不难.

不妨设 $m,n$ 都是正的，并且 $m\geqslant 5$，假如还有解，那么由式(1)，有

$$9p=9(m^2+1)=n^2+1-(m^2+1)=(n+m)(n-m) \tag{2}$$

因为 $p$ 是质数，所以 $p\mid(n+m)$ 或 $p\mid(n-m)$. 因此

$$p\leqslant n+m, 9\geqslant n-m$$

因为这时

$$2m=(n+m)-(n-m)\geqslant p-9=m^2-8$$
$$\geqslant 5m-8=2m+(3m-8)>2m$$

矛盾！

所以只有前面所述的 8 组解.

数学是严谨的学问，即使是填空题，也应当有完整的解答.

# 19. 整数好

运算时,能用整数的尽量用整数,不要用分数.整数比分数“好”.

试看下面的例题.

**例** $x,y$ 是正整数,互不相同,并且

$$\frac{1}{x}+\frac{1}{y}=\frac{2}{13} \tag{1}$$

求 $x,y$.

(1) 是一个关于分数的等式.第一步就是去分母,将它化为整数的等式

$$2xy-13x-13y=0 \tag{2}$$

(2) 这样的式子,通常要(添项)作因式分解,但将(2)写成

$$(2x-13)(y-\frac{13}{2})=\frac{169}{2}$$

不太好,其中出现了分数,因此应当先将(2)两边乘以 2 变成

$$4xy-26x-26y=0 \tag{3}$$

再化成

$$(2x-13)(2y-13)=169 \tag{4}$$

(4) 整齐、对称($x,y$ 地位平等),易从(3)得出,最重要的是:全是整数的运算.

接下来,将 169 分解为 $13\times13$ 或 $1\times169$,由于 $x,y$ 不等,所以 $2x-13=13$,$2y-13=13$,这种可能应予排除.

不妨设 $x>y$,我们有

$$\begin{cases}2x-13=169\\2y-13=1\end{cases}$$

从而 $x=7\times13$,$y=7$.另一组是 $x=7$,$y=7\times13$.

在配方时也是如此,例如

$$\begin{aligned}2x^2-2x-3&=2(x^2-x)-3\\&=2(x-\frac{1}{2})^2-\frac{7}{2}\end{aligned}$$

不如先乘以 2,即

$$\begin{aligned}2(2x^2-2x-3)&=4x^2-4x-6\\&=(2x-1)^2-7\end{aligned}$$

在推导二次方程 $ax^2+bx+c=0$ 的求根公式时,也是先乘 $4a$ 更好

$$\begin{aligned}4a(ax^2+bx+c)&=4a^2x^2+4abx+4ac\\&=(2ax+b)^2+4ac-b^2\end{aligned}$$

从而

$$x=\frac{-b\pm\sqrt{b^2-4ac}}{2a}$$

我一直提倡这样推导，不知有没有人与我见解相同.

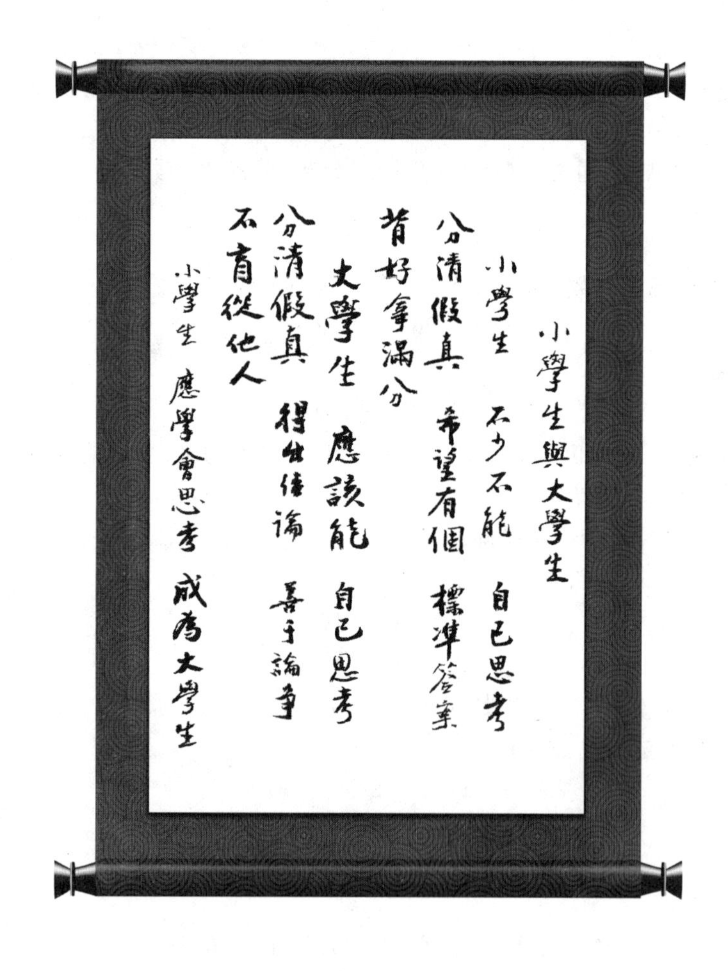

# 20. 揠苗助长？

看到一道六年级的题：

设有一组互不相等的自然数 $a_1, a_2, \cdots, a_n$，对其中任意两个数 $x, y, x > y$，均有

$$\frac{1}{y} - \frac{1}{x} > \frac{1}{19} \tag{1}$$

求这组数的个数 $n$ 的最大值.

这道题给六年级(即使是参加奥数学习的)学生做，恐怕太难了. 不仅知识上需要用到不等式，而且思维的难度也相当高，是不是有点揠苗助长？

即使中学教师也未必能做好这样的题.

怎么做？

下面提供一种解法.

设 $a_1 > a_2 > \cdots > a_n$，则由(1)，有

$$\frac{1}{a_2} > \frac{1}{19} + \frac{1}{a_1} > \frac{1}{19}$$

所以

$$a_2 < 19$$

即

$$a_2 \leqslant 18$$

同样

$$\frac{1}{a_3} > \frac{1}{19} + \frac{1}{a_2} \geqslant \frac{1}{19} + \frac{1}{18}$$

所以

$$a_3 < \frac{19 \times 18}{19 + 18} < 10$$

$$a_3 \leqslant 9$$

同样

$$a_4 < \frac{19 \times 9}{19 + 9} < 7$$

$$a_4 \leqslant 6$$

$$a_5 < \frac{19 \times 6}{19 + 6} < 5$$

$$a_5 \leqslant 4$$

比 $a_5$ 小的只有 3，2，1 三个数. 于是 $n \leqslant 3 + 5 = 8$.

另一方面，对于任一 $m > 18 \times 19 = 342$，有

$$1,2,3,4,6,9,18,m \tag{2}$$

满足要求(1)，所以 $n$ 的最大值为 8.

注意用上述解法，实际上可以得出：当 $n = 8$ 时，只有形如(2) 的解，即前七个数都是确定的，只有 $m$ 可以任意(只要大于 342).

**注**　如果将 19 改为 23，那么 $n = 9$，9 个 $a_i(1 \leqslant i \leqslant 9)$ 为

$$m,22,11,7,5,4,3,2,1$$

其中

$$m > 22 \times 23$$

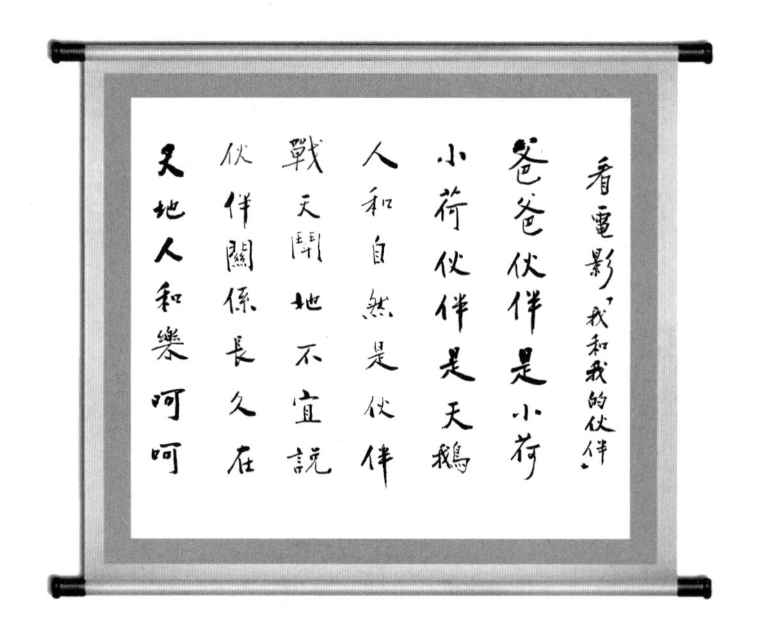

# 21. 一道初中赛题

求所有的正整数 $m,n$,使得$\frac{m^3+n^3-m^2n^2}{(m+n)^2}$是非负整数.

**解** 设$(m,n)=d,m=m_1d,n=n_1d,(m_1,n_1)=1$. 不妨设 $m_1\geqslant n_1$,则

$$\frac{m^3+n^3-m^2n^2}{(m+n)^2}=\frac{d(m_1^3+n_1^3)-d^2m_1^2n_1^2}{(m_1+n_1)^2}$$

又设$(m_1+n_1,d)=\delta,d=\delta d_1,m_1+n_1=\delta t,(t,d_1)=1$,则

$$\delta t\mid(m_1^3+n_1^3)$$

$$\delta^2t\mid d(m_1^3+n_1^3)$$

从而

$$\delta^2t\mid d^2m_1^2n_1^2,t\mid d_1^2m_1^2n_1^2$$

但

$$(t,d_1)=(t,m_1)=(t,n_1)=1$$

所以

$$t=1,(m_1+n_1)\mid d$$

因为

$$m_1^3+n_1^3\geqslant dm_1^2n_1^2$$

所以

$$m_1^2-m_1n_1+n_1^2\geqslant m_1^2n_1^2$$

即

$$m_1^2(1-n_1^2)+n_1(n_1-m_1)\geqslant 0$$

从而

$$m_1=n_1=1,m=n$$

$$\frac{m^3+n^3-m^2n^2}{(m+n)^2}=\frac{(2-m)m}{4}$$

是非负整数,所以 $m=n=2$.

显然 $m=n=2$ 满足要求.

本题必须利用原式是“非负整数”这一条件,否则有无穷多解,例如$m=60$,$n=5$.

整数的性质大多人人皆知,但也要小心,不可用错,如已知 $a\mid b^2$,并不能导出 $a\mid b$.

# 22. 简单些,尽量简单些

一些数学题(尤其是竞解题)的解答虽然正确,却做得很繁,很复杂,有的兜了很大的圈子,有的用了很偏僻的知识,这很难体现数学之美.

教师在讲评时,不要只是罗列一题多解. 一些"丑陋"的解法不值得提倡(有一个极简单的不等式,有人列举了100种解法,大多极差).

教师应当找出最好的解法,介绍最好的解法.

知识重要,能力更重要. 好的解法,大多只用到很少的,极平常、极普通的知识. 它正是能力的体现. 而用很多知识,往往不能显示能力的强弱.

举一个不等式的例子.

已知正数 $a$,$b$,满足

$$a+b\leqslant 2ab \tag{1}$$

求证

$$\frac{a}{a+b^2}+\frac{b}{b+a^2}\leqslant 1 \tag{2}$$

(2019 年荷兰奥林匹克试题).

要证明的不等式(2),应尽量化简.

左边是两个分式,如果加起来,比较复杂,移一个到右边与 1 相减就简单得多,即移项化简,(2) 等价于

$$\frac{a}{a+b^2}\leqslant\frac{a^2}{b+a^2} \tag{3}$$

两边分子可以约去公因式 $a$,然后去分母,(3) 等价于

$$b+a^2\leqslant a(a+b^2) \tag{4}$$

再化简,(4) 等价于

$$1\leqslant ab \tag{5}$$

这时已至最简,下一步需要用已知条件(1).

显然 $a+b\geqslant 2\sqrt{ab}$(基本不等式),所以由(1),有

$$2ab\geqslant 2\sqrt{ab}$$

从而

$$\sqrt{ab}\geqslant 1 \tag{6}$$

即(5) 成立. 证毕.

用到的知识仅有最基本的不等式.

关键在化简.尤其第一步,很简单的想法,然而,很奇怪,我看到的五种证法,竟然没有一个走这一步,没有一个"移项"!

解题要讨论.

希望解答能简单些,尽量简单些.

# 23. 抱歉了，只能打零分

一道不等式题：$a,b,c$ 为正数，求证

$$\frac{a^2-bc}{a+b}+\frac{b^2-ca}{b+c}+\frac{c^2-ab}{c+a}\geqslant 0 \tag{1}$$

一位学生的解法只有寥寥三行：

$$\text{“原式}\Leftrightarrow\sum\frac{(a-b)(a-c)}{a+c}\geqslant 0$$

$$\text{设 }\min\{a,b,c\}\leqslant b\leqslant\max\{a,b,c\}$$

$$\text{总有}\frac{1}{a+c}+\frac{1}{b+c}\geqslant\frac{1}{a+b}\text{”}$$

应当给多少分？

如果我打分，抱歉了，只能打零分.

解答应让人看懂，需有必要的过程. 这位同学写的第一行我就看不懂，可能他有什么“秘籍”，上面载有这一招，但给大家看的解答就该写详细一些.

第二行就是设 $b$ 在 $a,c$ 之间. 对于轮换式，可以这样设，但在本题中起什么作用呢？没有见到.

第三行不对啊，$c$ 可以任意大，这时相反的不等式反而成立了(即 $c$ 很大时，$\frac{1}{a+c}+\frac{1}{b+c}<\frac{1}{a+b}$).

看到这里，我决定只给零分.

证明的书面表述非常重要，一定要严谨，关键地方要写得清清楚楚.

现在书面表达的练习较差，很多自己觉得学得不错的学生“不屑”认真书写. 很多学生喜欢讲，而不喜欢写. 结果一写，毛病百出. 必须让学生写，必须及时纠正. 一旦养成恶习，就积重难返了.

不多说了，下面写一下这题的解法.

$$\begin{aligned}\sum\frac{a^2-bc}{a+b}&=\sum\frac{a^2-bc}{a+b}+\sum(c-a)\\&=\sum\frac{ac-ab}{a+b}=\sum\frac{ac}{a+b}-\sum\frac{ab}{a+b}\end{aligned} \tag{2}$$

注意 $ab,bc,ca$ 的大小顺序与 $a+b,b+c,c+a$ 完全相同，与$\frac{1}{a+b},\frac{1}{b+c},\frac{1}{c+a}$ 相反. 因此，由排序原理，(2) 最后的结果大于或等于 0.

我写的《代数不等式的证明》(中国科学技术大学出版社，2018 年第二次印

刷）的例 41，与这道题的样子有点像：

例 41　设 $x,y,z$ 为正数，证明

$$\frac{y^2-zx}{z+x}+\frac{z^2-xy}{x+y}+\frac{x^2-yz}{y+z}\geqslant 0$$

但解法却完全不同，这正是不等式证明的困难所在（没有简单且统一的办法），也是不等式证明的魅力所在.

# 24. 不应提倡

看到有人在网上介绍一道不等式题的证法，原题如下：

已知 $a,b,c \in \mathbf{R}^+$，$a+b+c=1$. 求$\frac{1}{a^3}+\frac{1}{b^3}+\frac{1}{c^3}$的最小值.

他的解法是

$$\frac{1}{a^3}+\frac{1}{b^3}+\frac{1}{c^3}=\frac{1^4}{a^3}+\frac{1^4}{b^3}+\frac{1^4}{c^3}\geqslant\frac{(1+1+1)^4}{(a+b+c)^3}=81(\text{以下略})$$

其中关键的一步，他利用了一个不等式.

设 $a_i,b_i \in \mathbf{R}^+$ $(i=1,2,\cdots,k)$，则

$$\frac{a_1^{n+1}}{b_1^n}+\frac{a_2^{n+1}}{b_2^n}+\cdots+\frac{a_k^{n+1}}{b_k^n}\geqslant\frac{(a_1+a_2+\cdots+a_k)^{n+1}}{(b_1+b_2+\cdots+b_k)^n}$$

但这个不等式并非常见的不等式，在竞赛中不宜使用(有人搞过竞赛大纲，这种不等式肯定不在大纲中，我并不赞成搞竞赛大纲，但允许用的知识也应有个约定范围).

在竞赛中允许利用的是一些常见的不等式，如 Cauchy 不等式，算术－几何平均不等式.

原题利用 Cauchy 不等式不难解出

$$\begin{aligned}\frac{1}{a^3}+\frac{1}{b^3}+\frac{1}{c^3}&=(a+b+c)\left(\frac{1}{a^3}+\frac{1}{b^3}+\frac{1}{c^3}\right)\\&\geqslant\left(\sqrt{\frac{a}{a^3}}+\sqrt{\frac{b}{b^3}}+\sqrt{\frac{c}{c^3}}\right)^2\\&=\left(\frac{1}{a}+\frac{1}{b}+\frac{1}{c}\right)^2\\&=\left((a+b+c)\left(\frac{1}{a}+\frac{1}{b}+\frac{1}{c}\right)\right)^2\\&\geqslant(3^2)^2=81\end{aligned}$$

在 $a=b=c=\frac{1}{3}$ 时取得最小值 81.

解题所用工具应尽量用最普通、最常见的. 如果引用“独门武器”与“怪招”，必须先给出证明(不幸的是，这个证明往往难过原题). 这些“独门武器”与“怪招”，并不能增加“功力”(数学素养)，反而增加学习负担，浪费学习时间，不足为法.

# 25. 想明白,说清楚

一道题,想明白,说清楚,不容易,这里举一个例子.

第二届刘徽杯第五题.

设正整数 $a>b$,$(a,b)=1$.求满足 $a^m-b^m \mid (a-b)^n$ 的所有正整数组$(a,b,m,n)$.

**解** 显然,当 $m=1$ 时,$n$ 可为任意正整数,$a$,$b$ 亦可任意,只需 $a>b$,$(a,b)=1$.

当 $m=2$ 时

$$(a+b) \mid (a-b)^{n-1} \quad (n>1)$$

因为$(a,b)=1$,所以 $a$,$b$ 中至少有一个为奇数,不妨设 $a$ 为奇数,因为

$$(a+b) \mid (a-b)^{n-1}$$

所以

$$(a+b,a-b)>1$$

因为

$$1<(a+b,a-b)=(a+b,2a)$$

而

$$(a+b,a)=1$$

所以 $a$,$b$ 均为奇数,并且

$$(a+b,a-b)=2$$

因为$(a+b) \mid (a-b)^{n-1}$,所以 $a+b=2^k$,自然数 $k>1$,$a-b=2t$,$t$ 为正奇数,从而 $a=2^{k-1}+t$,$b=2^{k-1}-t$,$n$ 是任一大于 $k$ 的正整数.

在 $4 \mid m$ 时

$$(a^2+b^2) \mid (a^m-b^m)$$

而

$$(a^2+b^2,(a-b)^2)=(a^2+b^2,2ab)=(a^2+b^2,2)=1 \text{ 或 } 2$$

但 $a^2+b^2>2$,且不被 4 整除,所以 $a^2+b^2$ 有奇质因数,不整除 $a-b$.从而此时无解.

若有奇质数 $p \mid m$,则

$$(a^p-b^p) \mid (a-b)^n, n>1$$

且

$$\frac{a^p-b^p}{a-b} \mid (a-b)^{n-1}$$

$$\frac{a^p-b^p}{a-b}=a^{p-1}+a^{p-2}b+\cdots+ab^{p-2}+b^{p-1}>p$$

是$(a-b)^{n-1}$的因数，所以

$$\left(\frac{a^p-b^p}{a-b},a-b\right)>1$$

设质数$q \mid \left(\frac{a^p-b^p}{a-b},a-b\right)$，则$a\equiv b(\bmod q)$，并且

$$0\equiv a^{p-1}+a^{p-2}b+\cdots+b^{p-1}\equiv pa^{p-1}(\bmod q)$$

但$(a,b)=1$，所以$q\nmid a$，从而$q\mid p$，$q=p$，即$\frac{a^p-b^p}{a-b}$与$a-b$的公共质因数只有$p$.

因此，$a-b=pt$，$\frac{a^p-b^p}{a-b}=p^u>p$，$u$为大于1的自然数. 但

$$\frac{a^p-b^p}{a-b}=\frac{(b+pt)^p-b^p}{pt}\equiv pb^{p-1}(\bmod p^2)$$

与$\frac{a^p-b^p}{a-b}=p^u(u>1)$矛盾.

于是，本题仅在$m=1,2$时有解，解为

$$(a,b,m,n)=(a,b,1,n)\quad(n\text{ 为任意正整数},a>b,(a,b)=1)$$

或

$$(a,b,m,n)=(2^{k-1}+t,2^{k-1}-t,2,n)\quad(k\text{ 为大于 1 的整数},n>k)$$

分情况时，最好先将容易的情况处理掉，以免它碍手碍脚(而这类数的问题中，容易的情况往往就是有解的情况).

整个过程稍复杂，需仔细推敲，不能有疏漏，当然也应力求简洁，要言不烦.

# 26. 自然,合理

日本有一位超一流的围棋选手武宫正树,被人誉为“宇宙流”. 他自己说:“其实应当叫作自然流,就是棋应该下在什么地方,我就下在那个地方.”

下棋如此,解题也应如此:自然、合理.

请看 2020 AMC 的一道题:

$a=\frac{p}{q}$ 的分子 $p$、分母 $q$ 是互质的正数,使得满足

$$[x]\cdot\{x\}=ax^2 \tag{1}$$

的所有实数 $x$ 的和为 420,其中$\{x\}=x-[x]$. 求 $p+q$.

(选项(A)245 (B)593 (C)929 (D)1 331 (E)1 332)

首先,我将(1) 改写为

$$b[x]\cdot\{x\}=x^2 \tag{2}$$

为什么要改?我觉得 $x^2$ 大,$[x]\cdot\{x\}$ 小,小的一边乘一个数,似习惯些、自然些. 这里 $b=\frac{q}{p}$,它的分子、分母的和与 $a$ 一样,都是 $p+q$.

不改也可以,下面还有一些理由赞同改(1) 为(2),当然也只是感觉习惯些、自然些.

可设 $x^2>0$($x=0$ 的情况对总和为 420 毫无影响,可不予考虑). 这时 $\{x\}>0$,$b>0$,$[x]>0$,而且

$$b=\frac{x^2}{[x]\cdot\{x\}}=\frac{([x]+\{x\})^2}{[x]\cdot\{x\}}>4 \tag{3}$$

令 $t=\frac{\{x\}}{[x]}$,将 $x$ 写成$[x]+\{x\}$,并在(2) 两边除以$[x]^2$,整理得

$$t^2+(2-b)t+1=0 \tag{4}$$

因为判别式

$$(2-b)^2-4>2^2-4=0$$

所以方程(4) 有两个不同的实根. 由韦达定理,两根之积为 1,所以 $t=\frac{\{x\}}{[x]}$ 应是其中小于 1 的那个根.

方程(4) 的首、末项系数为 1,对 $b$ 的估计,判别式为正,等等,都是改 $a$ 为 $b$ 的好处.

由于 $t(<1)$ 的唯一性,所以对所有符合要求的 $x$,$\frac{\{x\}}{[x]}$ 均等于同一个 $t$,即

$$x=[x]+\{x\}=[x]+[x]t=j+jt$$

其中整数 $j$ 取 $1,2,\cdots,s$. $s$ 是满足 $st<1$ 的最大整数.

令 $j=1,2,\cdots,s$,在

$$(1+t)[x]=x$$

两边求和得

$$\frac{(1+t)s(s+1)}{2}=420 \tag{5}$$

所以

$$(s+1)(s+1)>840>s(s+1) \tag{6}$$

从而

$$s=28$$

代入(5) 得出

$$t=\frac{1}{29}$$

$$b=\frac{x^2}{[x]\cdot\{x\}}=\frac{(1+t)^2}{t}=\frac{900}{29}$$

$$p+q=900+29=929$$

选(C).

这道题并不容易,即使猜对答案,表述清楚也得费些功夫.

当然上面的解法及表述并非唯一的一种,例如 $a$ 不换为 $b$,$\frac{\{x\}}{[x]}$ 的方程也可换为$\frac{[x]}{\{x\}}$ 的方程,$s$ 的表示式也可改为$\lceil\frac{1}{t}\rceil-1$,等等,均无不可.

上面的解法只是符合我自己的习惯,我觉得自然、合理. 这有很大的主观性. 当然,平时要养成一些良好的习惯,摒弃不良的恶习.

再啰嗦两句(总结应是好习惯).

首先本题的关键是在等式

$$(1+t)[x]=x$$

的两边求和. 方程(2) 或(1) 的作用是表明对所有的 $x$,$t$ 是同一个. 左边求和的范围是 $t[x](=\{x\})<1$(从 0 开始或从 1 开始无关紧要). 在确定 $s$ 时,从两边夹逼最好. 这也是常用的方法之一.

# 27. 二次不尽根式

形如$\sqrt{a+\sqrt{b}}$ 的式子,称为二次不尽根式.通常不能化简,能化简的形如

$$\sqrt{x+y+2\sqrt{xy}} \quad (x,y\text{ 为正整数}) \tag{1}$$

它显然可化为$\sqrt{x}+\sqrt{y}$.

(类似地,$x>y$ 时,$\sqrt{x+y-2\sqrt{xy}}=\sqrt{x}-\sqrt{y}$)

式(1) 的特点是里面的根式有个系数 2,如果没有,往往可由 $b$ 的因数 4 提取出来.

**例**　化简$\sqrt{34+\sqrt{987}}$.

本题$\sqrt{987}$ 的前面并没有因数 2,奇数 987 也无因数 4 可以提出,但我们可以乘一个 2 进去.确切地说

$$\begin{aligned}\sqrt{34+\sqrt{987}}&=\frac{1}{\sqrt{2}}\sqrt{68+2\sqrt{987}}\\&=\frac{1}{\sqrt{2}}\sqrt{47+21+2\sqrt{47\times 21}}\\&=\frac{1}{\sqrt{2}}(\sqrt{47}+\sqrt{21})\\&=\frac{\sqrt{94}+\sqrt{42}}{2}\end{aligned}$$

这道题很简单,但似乎仍有人不知道这种做法,采取了迂回的办法,所以我在这里介绍一下.

# 28. 不应无疑

正整数 $x,y$,满足

$$\sqrt{x}+\sqrt{y}=\sqrt{72} \tag{1}$$

求 $x,y$.

一位网师是这样解的:

$$\sqrt{72}=6\sqrt{2}$$

所以设

$$\sqrt{x}=m\sqrt{2},\sqrt{y}=n\sqrt{2} \tag{2}$$

其中 $m,n$ 为正整数,从而

$$m+n=6 \quad (\text{下略})$$

但是,且慢,为什么可以像(2) 那样设? 显然吗?

并非显而易见的.

学生应当有疑问,教师应当解答疑问.

不必引用更深的定理,就由(1) 得

$$\sqrt{x}=\sqrt{72}-\sqrt{y}$$

所以,平方得

$$x=72+y-2\sqrt{72y}$$

于是

$$2\sqrt{72y}=72+y-x$$

$$12^2\times 2y=(72+y-x)^2$$

两边都是正整数,右边为平方数,所以左边也是,即由唯一分解定理,有

$$y=2m^2 \quad (m\text{ 为正整数})$$

即

$$\sqrt{y}=m\sqrt{2}$$

同理,$\sqrt{x}=n\sqrt{2}$($n$ 为正整数).

这一步的论证,其实比得出 $x,y$ 更为重要.

数学是一门严谨的学问,它提倡大胆怀疑,而不是盲目迷信,因此独裁者如秦始皇之流都不喜欢数学,如果他们参加数学考试,成绩多半很差,很差.

# 29. 理不可缺

已知 $x,y$ 均为整数，并且

$$y=\sqrt{x-116}+\sqrt{x+100} \tag{1}$$

求 $y$ 的最大值.

**解**　$x,y$ 均为整数是重要的条件，如果不要求 $y$ 为整数，那么，当 $x\to+\infty$ 时，显然 $y\to+\infty$.

有人直接设 $\sqrt{x-116}$ 与 $\sqrt{x+100}$ 均为整数.

为什么它们都是整数呢？要充分说明，不能说和 $y$ 是整数，所以这两个加数都是整数，因为两个无理数的和也可以是整数(例如 $3+\sqrt{2}$ 与 $3-\sqrt{2}$).

数学讲究理由充足，不可缺理.

首先，由(1)有 $x\geqslant 116$，$y>0$，移项、平方、整理得

$$y^2-2y\sqrt{x-116}=216$$

所以

$$\sqrt{x-116}=\frac{y^2-216}{2y}$$

是有理数.

一个正整数 $m$ 的平方根 $\sqrt{m}$，如果是有理数 $\frac{p}{q}$ ($p,q$ 为整数)，那么 $\sqrt{m}$ 一定是整数，这是一个常用的命题：若 $\sqrt{m}=\frac{p}{q}$，则 $mq^2=p^2$，从而 $q\mid p$，$m$ 为整数.

因此 $\sqrt{x-116}$ 是非负整数，设它为 $a$.

同理，$\sqrt{x+100}$ 是正整数，设它为 $b$，$b>a$，有

$$y=a+b=\frac{b^2-a^2}{b-a}=\frac{216}{b-a}$$

因为 $b-a$ 与 $b^2-a^2$ 同奇偶，所以 $b-a$ 是偶数，$b-a\geqslant 2$.

$$y=\frac{216}{b-a}\leqslant 108$$

由

$$\begin{cases}b-a=2\\b+a=108\end{cases}$$

解得 $b=55$，$a=53$. 因此

$$x=b^2-100=55^2-100=2\ 925$$

所以，在 $x=2\ 925$ 时，$y$ 取得最大值 108.

# 30. 先猜一猜

数学问题，常常先猜结果，然后再证实.

例如下面这道与绝对值有关的极值问题：

求 $|2x-y-1|+|x+y|+|y|$ 的最小值.

与绝对值有关的不等式，常常需要分区间讨论，常常利用

$$|a|+|b| \geqslant |a+b| \tag{1}$$

这样的不等式.

当然，还是先猜一下结果，三个绝对值如果能均为 0，那么最小值就是 0. 但现在这三个绝对值不能同时为 0. 事实上，在 $|y|$，$|x+y|$ 同为 0 时，$y=x=0$，但

$$|2x-y-1|=1$$

在 $|2x-y-1|$，$|y|$ 同为 0 时，$y=0$，$x=\frac{1}{2}$，但

$$|x+y|=\frac{1}{2}$$

在 $|2x-y-1|$，$|x+y|$ 同为 0 时，$x=-y=\frac{1}{3}$，但

$$|y|=\frac{1}{3}$$

$1, \frac{1}{2}, \frac{1}{3}$ 都是 $|2x-y-1|+|x+y|+|y|$ 可取的值，其中最小的是 $\frac{1}{3}$. $\frac{1}{3}$ 有可能就是所求的最小值.

于是，我们心中有数，这个数就是 $\frac{1}{3}$. 它不但应是函数的最小值，而且 $x$（以及 $-y$）也在这点使函数值最小（当然，现在只是猜想，有待证明）.

瞄准这一目标，讨论就不困难了.

在 $x \leqslant \frac{1}{3}$ 时，利用式(1)，有

$$|2x-y-1|+|y| \geqslant |2x-1| \geqslant 1-2x \geqslant \frac{1}{3}$$

在 $x \geqslant \frac{1}{3}$ 时，仍利用式(1)，有

$$|x+y|+|y| \geqslant |x| \geqslant \frac{1}{3}$$

因此,恒有

$$|2x-y-1|+|x+y|+|y| \geqslant \frac{1}{3} \tag{2}$$

并且$\frac{1}{3}$是最小值,式(2)中等号在$x=\frac{1}{3}$,$y=-\frac{1}{3}$时成立.

中国学生有很多优点,但也有很明显的、很严重的缺点,就是不太喜欢问问题,也不太喜欢猜结果,甚至奥数的选手也有这样的问题(我最近给江苏省准备参加冬令营的选手讲课,就发现这样的问题),他们不习惯、不善于用特殊的例子猜出结果,然后证实,其实这一点非常重要.

先猜后证,是数学中常用的方法(我到中国科技大学不久,就听到彭家贵老师的一句名言:先把结果拿在手里).

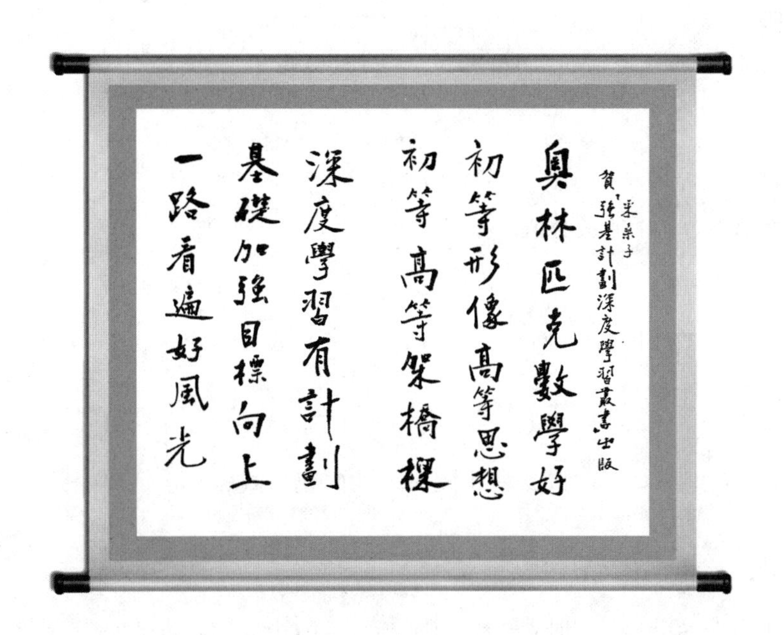

# 31. 差的解法

解法的优劣，往往需要比较才可看出.

我很想将一些看到的差的解法保存下来，分析其毛病所在，但太费事，太占篇幅了(差的解法往往“又臭又长”).

这里举一个例子.

上节的题：

设 $x, y \in R$，求 $S(x,y)=|2x-y-1|+|x+y|+|y|$ 的最小值.

先证一个引理.

**引理** 设 $a \leqslant b \leqslant c$，则

$$|y-a|+|y-b|+|y-c| \geqslant c-a \tag{1}$$

当且仅当 $y=b$ 时，等号成立.

**证明**

$$\begin{aligned}&|y-a|+|y-b|+|y-c|\\ \geqslant&|(y-a)-(y-c)|+|y-b|\\ =&|c-a|+|y-b|\\ \geqslant&|c-a|\end{aligned}$$

当且仅当 $y=b$ 时，式(1) 成立.

下面求 $S(x,y)$ 的最小值.

注意到 $R=(-\infty,0)\cup[0,\frac{1}{3})\cup[\frac{1}{3},\frac{1}{2})\cup[\frac{1}{2},+\infty)$，有

(i) 当 $x<0$ 时，$2x-1<0<-x$，由式(1)(取 $a=2x-1, b=0, c=-x$)得

$$S(x,y) \geqslant (-x)-(2x-1)=1-3x>1$$

(ii) 当 $0 \leqslant x<\frac{1}{3}$ 时，$2x-1<-x \leqslant 0$，仍由式(1) 得

$$S(x,y) \geqslant 0-(2x-1)=1-2x>\frac{1}{3}$$

(iii) 当 $\frac{1}{3} \leqslant x<\frac{1}{2}$ 时，$-x \leqslant 2x-1<0$，由式(1) 得

$$S(x,y) \geqslant 0-(-x)=x \geqslant \frac{1}{3}$$

当且仅当 $y=2x-1$ 且 $x=\frac{1}{3}$ 时，上式等号成立.

(iv) 当 $x \geqslant \frac{1}{2}$ 时，$-x<0 \leqslant 2x-1$，由式(1) 得

$$S(x,y) \geqslant 2x-1-(-x)=3x-1 \geqslant \frac{1}{2}$$

综上所述，$S(x,y)$ 的最小值为$\frac{1}{3}$，在 $x=\frac{1}{3}$，$y=-\frac{1}{3}$ 时取得.

这种解法的毛病在哪里？

引进的引理，看似巧妙，其实并不自然. $S(x,y)$ 虽是三个绝对值之和，实际上只用其中两个绝对值即可（参见上节解答）. 每次都搬用关于三个绝对值的引理，只是增加麻烦.

不必分 4 个区间讨论，分为 $x<\frac{1}{3}$ 与 $x \geqslant \frac{1}{3}$ 两种情况即可.

繁琐的解法掩盖了问题的本质，不利于培养学生良好的数学感觉.

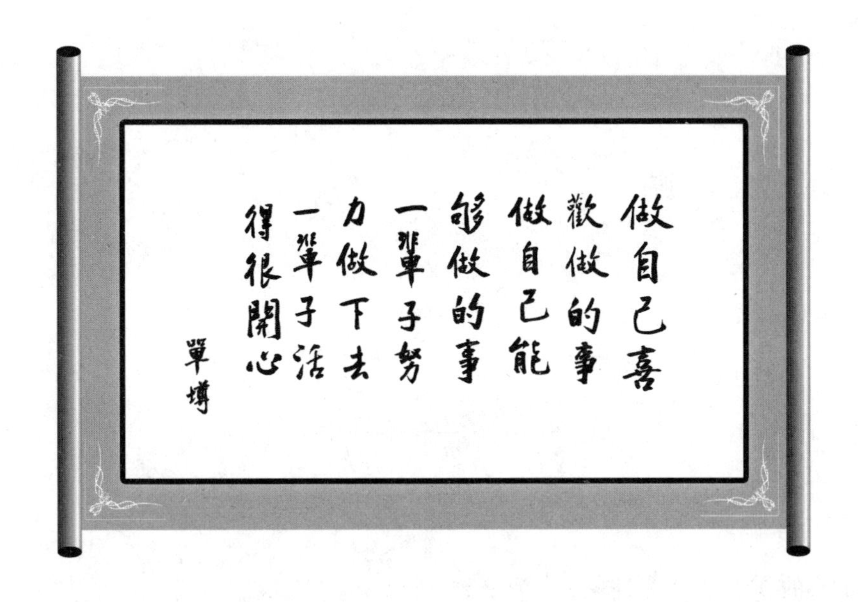

# 32. 昔日重现

见到一道题：

分数$\frac{n}{m}$($m$,$n$均为正整数)化为小数时，2 019 在小数部分出现，求$m$的最小值.

这样的问题出现过不止一次，拙著《我怎样解题》第三章第 6 节分数、小数(p. 201)即有两个类似的例子.

现在再做一次，做法略有不同.

首先，可乘以 10 的幂，使得 2 019 成为小数点后的前 4 个数字，这时分母$m$不受影响(如$m$与 10 互质)或比原先减少，因此，不妨设

$$\frac{n}{m}=0.201\,9\cdots \tag{1}$$

由(1)得$\frac{n}{m}>\frac{1}{5}$，所以

$$n>\frac{m}{5} \tag{2}$$

因为$m$,$n$为正整数，所以

$$n\geqslant\frac{m+\alpha}{5} \tag{3}$$

其中$\alpha\in\{1,2,3,4,5\}$，使得$\frac{m+\alpha}{5}$为正整数.

由(1)(3)有

$$0.202\,0>\frac{n}{m}\geqslant\frac{m+\alpha}{5m} \tag{4}$$

即

$$m>100\alpha \tag{5}$$

最小的$m>100$并且$\frac{m+1}{5}$为整数，所以$m\geqslant 104$.

由(3)，$n\geqslant 21$，有

$$\frac{21}{104}=0.201\,923\,07\cdots$$

所以$m=104$为所求的最小值.

*Yesterday Once More*. 我在中国科学技术大学时，几乎每天下午，校园里都放这首歌.

# 33. 要解方程组吗?

$a,b$ 为实数,并且

$$\frac{1}{a^2}+\frac{3}{b^2}=2\ 018a \tag{1}$$

$$\frac{3}{a^2}+\frac{1}{b^2}=209b \tag{2}$$

求$\frac{b-a}{ab}$的值.

虽然,从理论上说,由(1)(2) 两个方程所组成方程组可以解出 $a,b$,再代入$\frac{b-a}{ab}$便可求出$\frac{b-a}{ab}$的值.但解这个方程组谈何容易,很麻烦啊!

不要硬碰硬,要设法绕过障碍.

注意你的最终目标是求出$\frac{b-a}{ab}$的值,而这式子即$\frac{1}{a}-\frac{1}{b}$.如果能由(1)(2)得出$\frac{1}{a}-\frac{1}{b}$或$\frac{1}{a}-\frac{1}{b}$的某个函数(例如$2(\frac{1}{a}-\frac{1}{b})$,$(\frac{1}{a}-\frac{1}{b})^2$之类),那么问题就迎刃而解.

(1)(2) 与这差$\frac{1}{a}-\frac{1}{b}$有何关系呢?

先将 $a,b$ 都移到分母去,即将(1)(2) 变成

$$\frac{1}{a^3}+\frac{3}{ab^2}=2\ 018 \tag{3}$$

$$\frac{3}{a^2b}+\frac{1}{b^3}=209 \tag{4}$$

熟悉$(A-B)^3=A^3-3A^2B+3AB^2-B^3$的人立即看出(3)$-$(4) 得

$$(\frac{1}{a}-\frac{1}{b})^3=1\ 809$$

从而

$$\frac{1}{a}-\frac{1}{b}=\sqrt[3]{1\ 809}=3\sqrt[3]{67}$$

(限定 $a,b$ 为实数,从而只有这一个值,否则还有 $3\omega\sqrt[3]{67}$ 与 $3\omega^2\sqrt[3]{67}$,$\omega=-\frac{1}{2}+\frac{\sqrt{3}}{2}\mathrm{i}$.)

# 34. 停一停

"请你下马停一停，看看我们的……"

解题时，不要太急，有时停下来，看一看，反而有更好的效果.

**例**　已知实数 $x$，$y$，满足 $(x+\sqrt{x^2+1})(y+\sqrt{y^2+1})=1$.

求证：$x+y=0$.

**解**　首先，由已知得

$$x+\sqrt{x^2+1}=\frac{1}{y+\sqrt{y^2+1}}=\sqrt{y^2+1}-y$$

所以

$$x+y=\sqrt{y^2+1}-\sqrt{x^2+1} \tag{1}$$

接下去，有人将(1)的两边平方，这当然可以做下去，但更好的办法还是停下来，多看一看. (1)的左边 $x+y$ 是 $x$，$y$ 的对称式，右边却不是(或者说是 $x$，$y$ 的反对称式). 如果当初是两边同除 $x+\sqrt{x^2+1}$，那么同理可得

$$y+x=\sqrt{x^2+1}-\sqrt{y^2+1} \tag{2}$$

即将(1)中 $x$，$y$ 互换.

而(1)+(2)便得

$$x+y=0$$

# 35. 作一条垂线也行

看到一道百校联考题：

如图 1，在 $\triangle ABC$ 中，已知 $AB=1$，$BC=2$，$\angle ABC=60^\circ$，点 $M$ 为 $BC$ 中点，点 $E$，$F$ 分别在线段 $AB$，$AC$ 上，$EM \perp FM$. 求证：$EM=\sqrt{3}FM$.

这题解法很多，据说官方答案是用三角，有点繁琐.

再一种是过点 $M$ 作 $AB$，$AC$ 的垂线，垂足分别为 $G$，$H$.

由 $\triangle MGE \backsim \triangle MHF$ 然后得出结论.

这种纯几何的证明显然比前一种三角证明好.

但是，为什么要作两条垂线呢？

其实只作一条垂线也行.

如图 2，过点 $M$ 作 $BC$ 的垂线，交 $AC$ 于点 $G$.

因为 $BM=\dfrac{1}{2}BC=AB$，$\angle ABC=60^\circ$，所以 $\triangle ABM$ 是正三角形.

$\angle AMB=60^\circ$，$AM=BM=MC$. $\angle C=\dfrac{1}{2}\angle AMB=30^\circ$.

由 $\mathrm{Rt}\triangle GMC$ 得，$MC=\sqrt{3}MG$. 所以 $MB=MC=\sqrt{3}MG$.

不难看出 $\triangle MBE \backsim \triangle MGF$（$\angle BME=90^\circ-\angle EMG=\angle GMF$，$\angle MGC=90^\circ-\angle C=60^\circ=\angle MBE$），所以 $\dfrac{EM}{FM}=\dfrac{MB}{MG}=\sqrt{3}$，$EM=\sqrt{3}FM$.

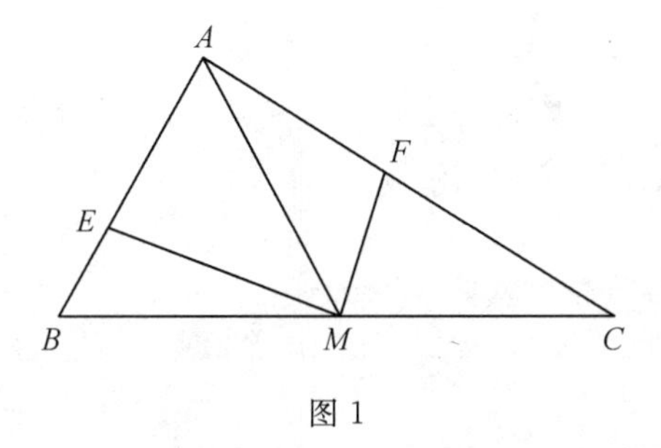

图 1

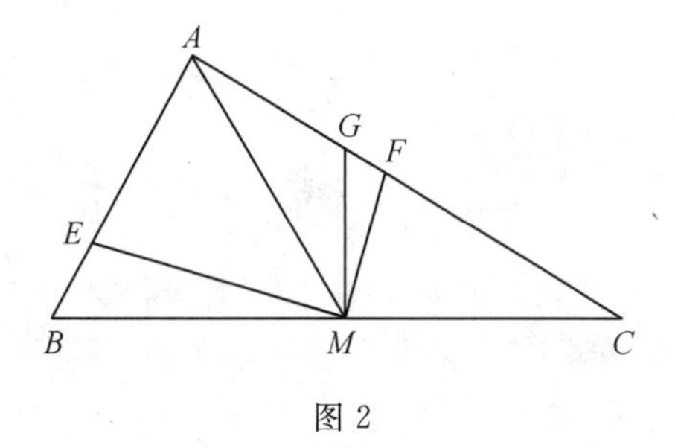

图 2

怎么想到作 $MG \perp BC$ 的呢？

其实我是先考虑一个特例，即点 $E$ 与点 $B$ 重合. 这时 $MF$ 就变成 $MG$，点 $F$ 就是点 $G$.

这个特殊情况当然很容易证明.

一般情况，其实就是将 $\triangle MBE$ 绕点 $M$ 旋转 $90^\circ$，再依 $\sqrt{3}:1$ 的比例缩小成

为 $\triangle MGF$.

另一特例即点 $E$ 与点 $A$ 重合，过点 $M$ 作 $AM$ 垂线交 $AC$ 于点 $H$，则 $MA:MH=\sqrt{3}$. 而后 $\triangle MEA \backsim \triangle MFH$，相似比为$\sqrt{3}$.

我现在老了，不能作难题(再声明一次，有题解不了，千万别找我，我不会理会，因为我解不了)，只能找一些容易的题消遣一下.

不过，我认为作为教师，得自己解题，还得把题解好，即找到最好的解法，这样才能教解题.

像这道题，少作一条垂线似乎更好一些. 而这应当是稍动一动脑筋就能想到的.

作为学生，当然也应先将基本题做好，不要一味地做难题.

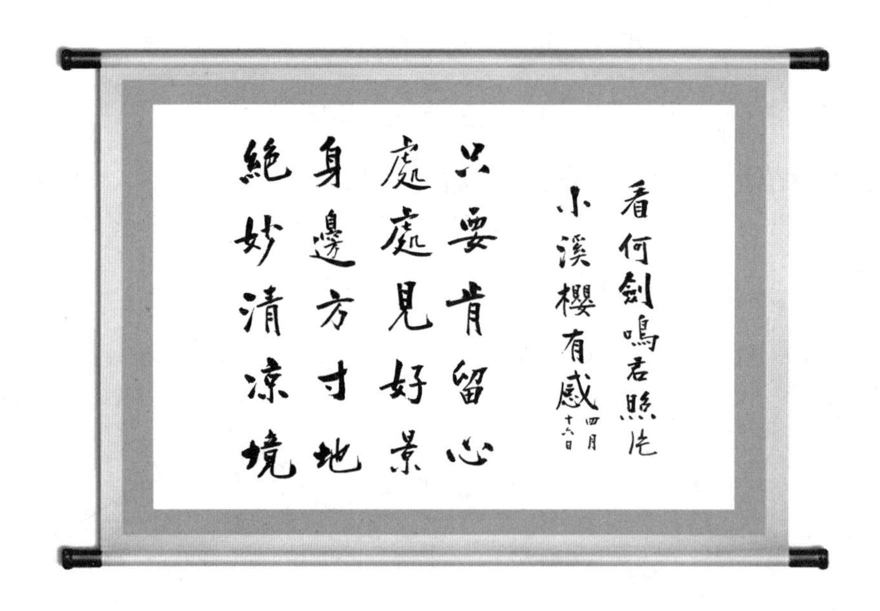

# 36. 懂得太多，反走了弯路

如图 1 已知在 $\triangle ABC$ 中，$AC=10$，$BC=8$，$\angle C=2\angle A$. 求 $S_{\triangle ABC}$.

这道题，网师的做法是延长 $AC$ 到点 $D$，使 $CD=BC$，联结 $BD$，从而

$$\angle D=\angle CBD=\frac{1}{2}\angle ACB=\angle A$$

这一步非常正确，它使条件 $\angle C=2\angle A$ 充分发挥作用.

但接下去，这位老师就犯迷糊了，他得出

$$\triangle DCB \backsim \triangle DBA$$

从而算出 $BD=\sqrt{(10+8)\times 8}=12$，即 $AB=12$.

图 1

最后利用海伦公式算出 $S_{\triangle ABC}$.

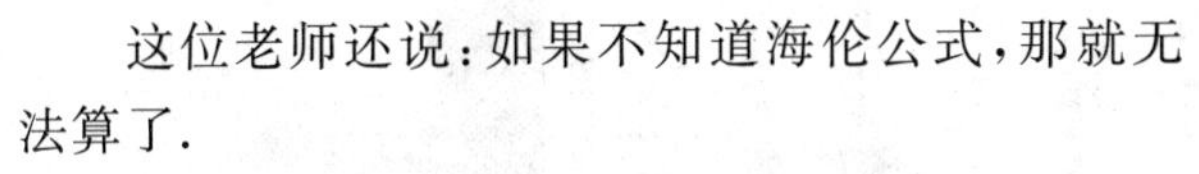

这位老师还说：如果不知道海伦公式，那就无法算了.

他不知道正是因为他老想着海伦公式（以及相似三角形），导致他走了弯路.

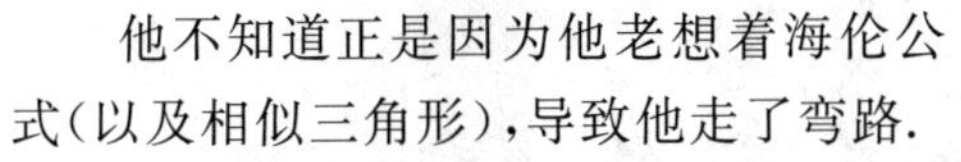

虽然“知识越多越反动”是痞子的语言，但知识多了有时也会误事. 在解题时会兜大圈子而不自知，这可以称为“知识障”.

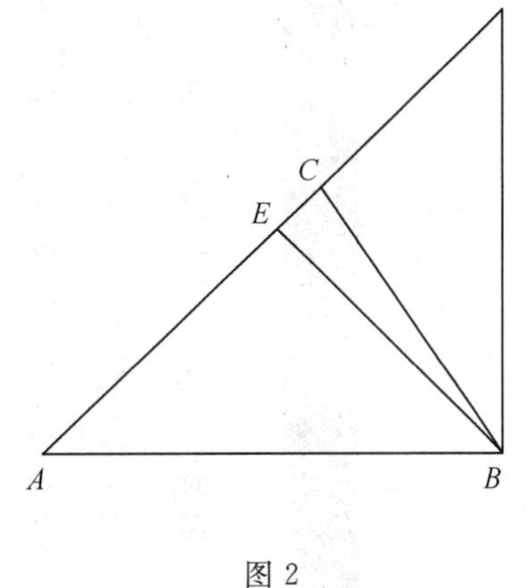


图 2

如果不知道海伦公式，就不能算面积吗？

不然，更简单的办法是利用底乘高. 如图 2，我们作边 $AC$ 上的高 $BE$（点 $E$ 为垂足）. 因为 $\triangle ABD$ 为等腰三角形，所以点 $E$ 是 $AD$ 的中点，$AD=10+8=18$，所以

$$DE=9$$

$$CE=9-8=1$$

$$BE=\sqrt{BC^2-CE^2}=\sqrt{8^2-1^2}=3\sqrt{7}$$

从而

$$S_{\triangle ABC}=\frac{1}{2}\times 10\times 3\sqrt{7}=15\sqrt{7}$$

我解题，有时也绕弯路，最近校《初等数论》（南京大学出版社出版）新版校

样,发现一题:

求正整数 $d$,满足

$$29d \equiv 1 \pmod{2\,632}$$

原先做得很繁,其实很简单的题.我有点老糊涂了!

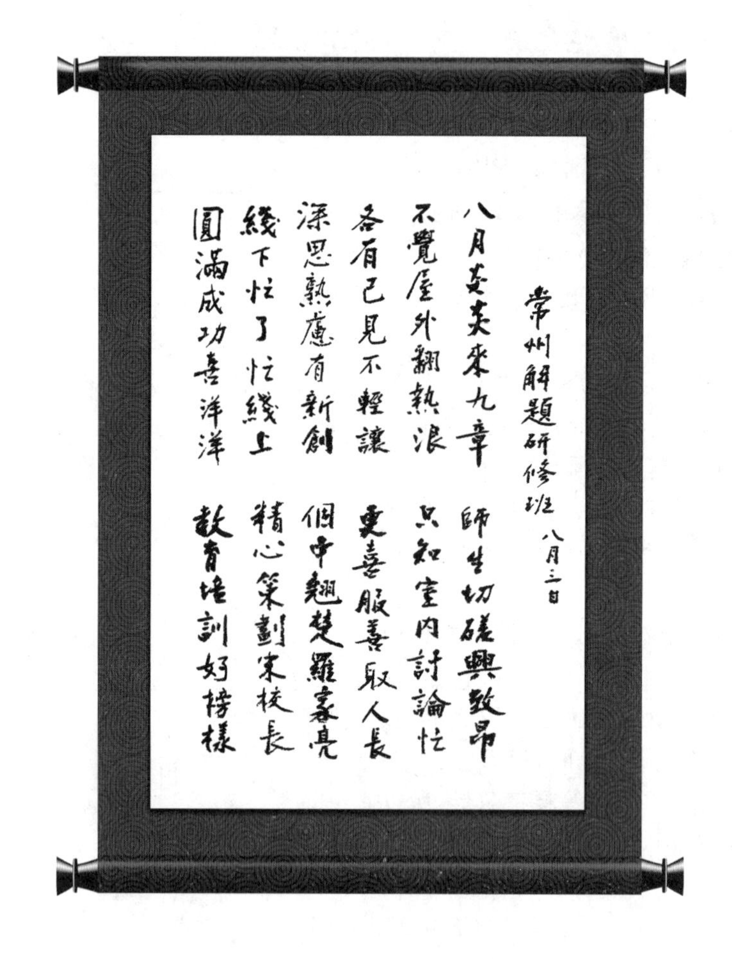

# 37. 几何题的几何解法

看到 2019 年青年节一道平面几何题：

如图 1，在凸四边形 $ABCD$ 中，$\angle CBD=2\angle ADB$，$\angle ABD=2\angle CDB$，且 $AB=CB$. 求证

$$AD=CD \tag{1}$$

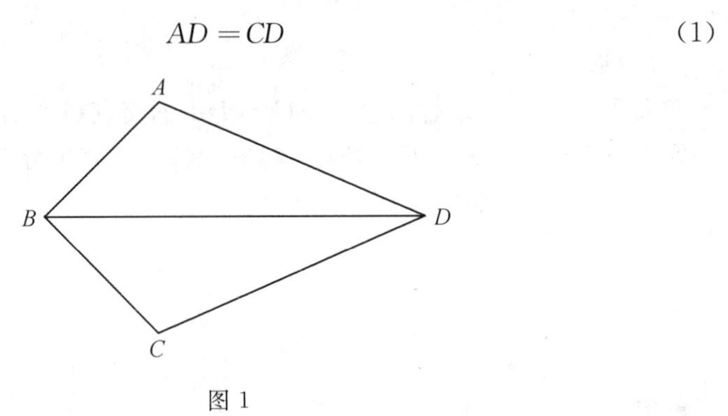

图 1

这里给出一个纯几何的证法.

拿起 $\triangle BCD$，再放下去，使点 $B$ 与点 $D$ 重合，点 $D$ 与点 $B$ 重合，点 $C$ 落到 $BD$ 另一侧的 $E$ 处（即在 $BD$ 的与 $C$ 不同的一侧，作 $\triangle BDE\cong\triangle DBC$），联结 $AE$（图 2）.

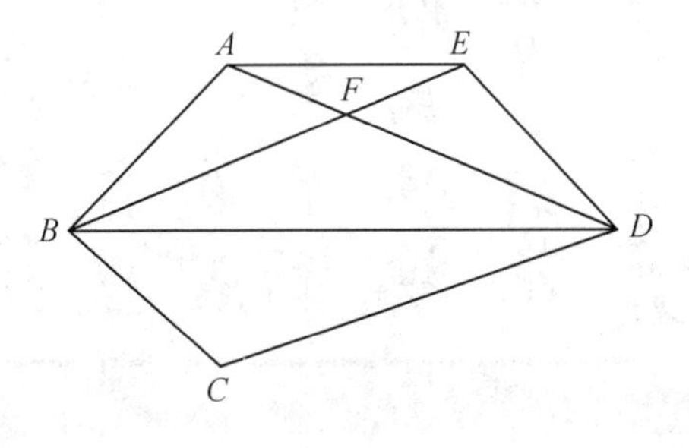

图 2

这时 $\angle EDB=\angle CBD=2\angle ADB$，所以 $AD$ 平分 $\angle EDB$.

同样，$\angle ABD=2\angle CDB=2\angle EBD$，所以 $BE$ 平分 $\angle ABD$.

设 $AD$，$BE$ 相交于点 $F$，则

$$\frac{BF}{EF}=\frac{BD}{DE}=\frac{BD}{BC}=\frac{BD}{AB}=\frac{DF}{AF}$$

因此 $AE\parallel BD$.

四边形 $ABDE$ 是等腰梯形，对角线

$$AD = BE$$

从而

$$AD = CD$$

冯惠愚学长的证法更好：

延长 $DB$ 到点 $E$，使 $BE = AB = CB$，联结 $AE$，$CE$，则

$$\angle AEB = \frac{1}{2}\angle ABD = \angle CDB$$

所以 $AE \parallel CD$.

同理 $CE \parallel AD$.

四边形 $AECD$ 是平行四边形，$AC$ 与 $DE$ 的交点 $O$ 平分 $AC$.

因为 $AB = CB$，$AO = CO$，所以 $BO$ 是 $AC$ 的垂直平分线，$AD = CD$.

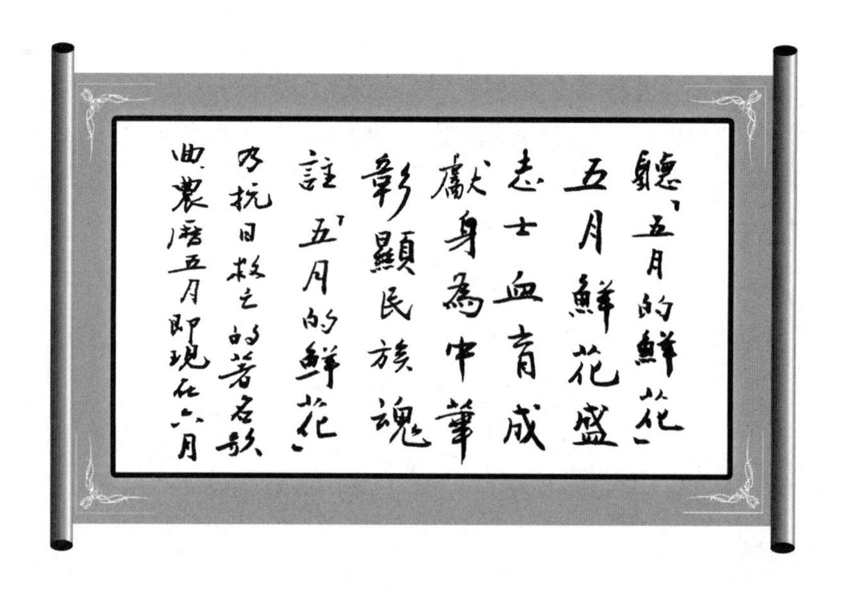

# 38. 共圆的点

如图 1,四边形 $ABCD$ 中,$\angle ABC=\angle ADC=90^\circ$,$AD=CD$,$AC=10$ cm,$BD=8$ cm. 将 $\triangle ABC$ 沿 $AC$ 翻折至 $\triangle AEC$. 求线段 $DE$ 的长.

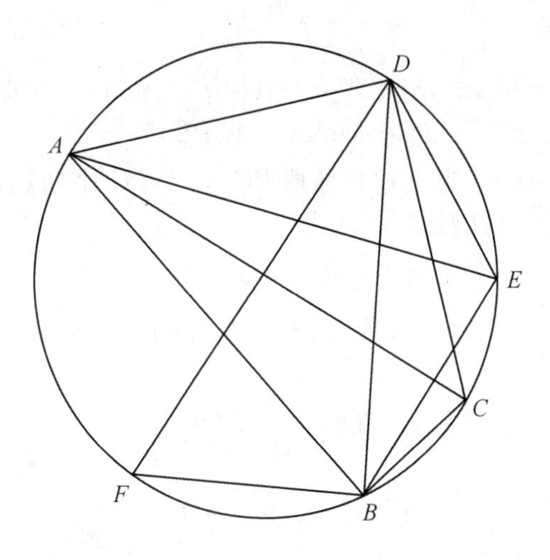


图 1

**解** 点 $B,D,E$ 都在以 $AC$ 为直径的圆上.

设 $DF$ 也是圆的直径,则 $DF=10$ cm.

因为 $AD=CD$,所以 $DF\perp AC$,点 $F$ 是点 $D$ 关于 $AC$ 的对称点. 又因为

$$DE=FB$$

$$\angle DBF=90^\circ$$

$$DF=10, DB=8$$

所以

$$DE=FB=6 \text{ cm}$$

# 39. 邂逅

有时会遇到一些不在书本上出现的、“不规范”的问题，结论是否正确都不能肯定. 有的需要增加一些条件.

例如下面这道题.

点 $P$ 为 $\odot O$ 内一点，点 $A, B$ 在 $\odot O$ 上，点 $C$ 为 $\overset{\frown}{AB}$ 上一点. 求证

$$PC \leqslant \max(PA, PB) \tag{1}$$

很快发现(1) 不成立. 当点 $O$ 在线段 $PC$ 上时，$PC$ 比 $PA, PB$ 都长. 于是需加上条件：点 $O$ 不在 $\angle APB$ 内.

现在(1) 应当成立了，请给出一个简单的证明.

如图1，设 $EF$ 为过点 $P$ 的直径，点 $P$ 在线段 $OF$ 上，则对于 $\overset{\frown}{BF}$ 上任一点 $C$，有

$$\angle FOC < \angle FOB$$

而

$$OC = OB, OP = OP$$

所以由 $\triangle POC$ 与 $\triangle POB$ 得

$$PC < PB$$

于是点 $C$ 在 $\overset{\frown}{FB}$ 上由点 $F$ 逆时针运动时，$PC$ 递增，在点 $C$ 到点 $B$ 时，$PC = PB$ 最大.

如果点 $A$ 在 $\overset{\frown}{BF}$ 上，(1) 已成立.

如果点 $A$ 在 $EF$ 下方，那么，点 $C$ 在 $\overset{\frown}{FA}$ 上由 $F$ 顺时针运动时，$PC$ 递增，在点 $C$ 到点 $A$ 时，$PC = PA$ 最大. 因此(1) 成立.

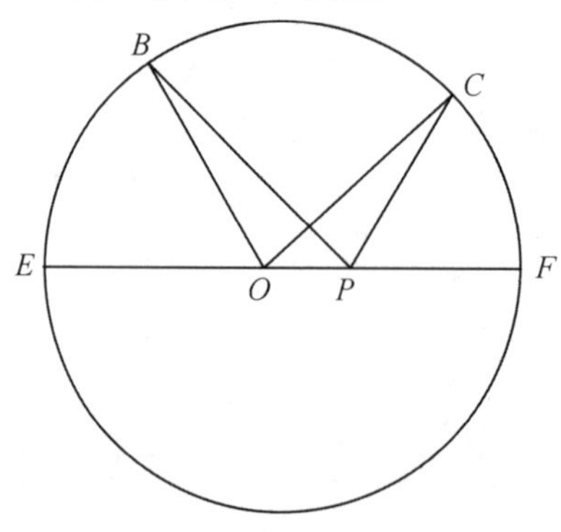


图 1

# 40. 欧几里得的圆规

欧几里得先生的圆规是一件蹩脚的圆规：它不能截取线段.也就是将它提起来离开纸面时，张脚间的距离就会变化.所以作圆时，只能以一点 $O$ 为圆心，过另一点 $A$ 作圆，而不能直接以点 $O$ 为圆心，已知长 $r$ 为半径作圆.

但欧几里得何等聪明，他仍有办法作以 $O$ 为圆心，$r$ 为半径的圆.见《几何原本》第Ⅰ卷命题 2.

在我写的《平面几何的知识与问题》一书中(p.17)给出了另一种作法.

2019 年 8 月在常州的数学讨论班，北京人大附中向开元同学给出了下面的作法：

设 $AB=r$.

作直线 $AB$，$AO$.

以点 $A$ 为心，过点 $B$ 作圆交直线 $OA$ 于点 $C$(图 1).

以点 $B$ 为心，过点 $A$ 作圆；

以点 $C$ 为心，过点 $A$ 作圆；

两圆又交于 $D$.

四边形 $ABCD$ 是菱形.

同样，可作出菱形 $OAEF$.

直线 $FO$ 与 $DB$ 相交于点 $G$，四边形 $OAGB$ 是平行四边形，$OG=AB=r$.

以点 $O$ 为圆心，过点 $G$ 作图.这图就是以点 $O$ 为圆心，半径为 $r$ 的圆.

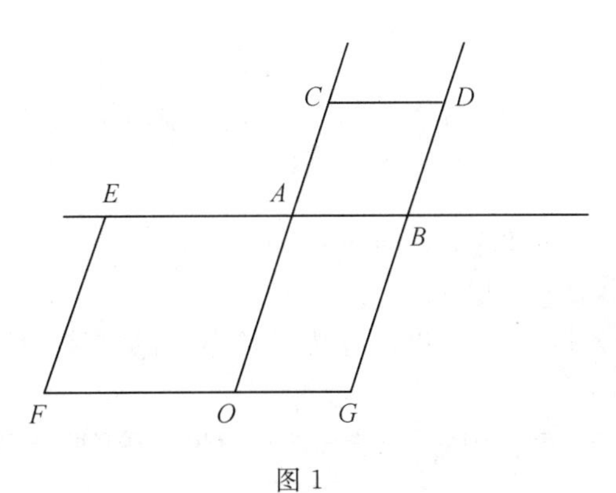


图 1

欧几里得为什么未用这一作图方法？可能与他想尽量延迟平行线的出现(甚至不用平行线)有关.

一个初中生能想出上面的作法，很了不起！

# 41. 尺规作图一题

现在有几何画板，作图很方便. 但不是很复杂的图用尺规来作也是简便准确的.

欧几里得限定用尺规作图，还有一个作用，就是培养思维能力.

下面出一道作图题(只允许用直尺与圆规作)：

已知点 $A$，$B$，直线 $l$，及长为 $a$ 的线段($2a > AB$). 求作点 $P$，$P$ 在直线 $l$ 上，并且

$$PA + PB = 2a$$

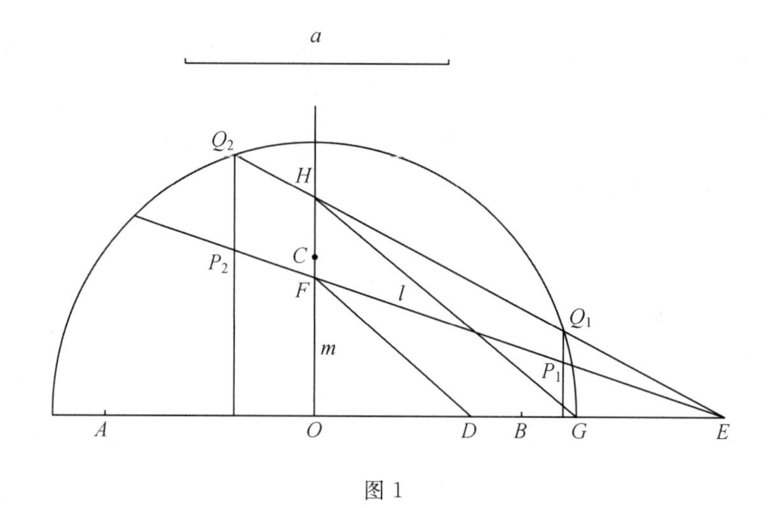


图 1

问题就是求作直线 $l$ 与一个长半轴为 $a$，短半轴为 $b = \sqrt{a^2 - c^2}$ ($c = \frac{1}{2}AB$) 的椭圆的交点.

困难在于圆规只能画圆，不能画椭圆.

下面先说一下作法(图 1)：

1. 取 $AB$ 中点 $O$，以点 $O$ 为圆心，$a$ 为半径作圆，交直线 $AB$ 于点 $G$. 又过点 $O$ 作 $AB$ 的垂线 $m$.

2. 以点 $B$ 为圆心，$a$ 为半径作弧交 $m$ 于点 $C$. 再在 $OB$ 上取点 $D$，使 $OD = OC$($OD = OC = b = \sqrt{a^2 - c^2}$).

3. 设 $l$ 分别交直线 $AB$，$OC$ 于点 $E$，$F$. 联结 $DF$. 过点 $G$ 作 $DF$ 的平行线，交 $m$ 于 $H$.

4. 过点 $E$，$H$ 作直线，交 $\odot O$ 于点 $Q_1$，$Q_2$.

5. 过点 $Q_1$，$Q_2$ 作 $AB$ 的垂线，分别交 $l$ 于点 $P_1$，$P_2$.

$P_1$，$P_2$ 即为所求.

证明不用多说，在将 $\odot(O,OG)$ 依比 $\frac{OC}{OG}=\frac{OD}{OG}=\frac{OF}{OH}$ 压扁时，直线 $EH$ 变成 $EF$. $EH$ 与 $\odot O$ 的交点 $Q_1$，$Q_2$ 变成 $EF$ 与椭圆的交点 $P_1$，$P_2$.

关于压缩变换可参看苏联几何学家狄隆涅等的《解析几何学》，或一本叫《双曲线函数》的小册子(作者是谁记不清了，或许就是狄隆涅).

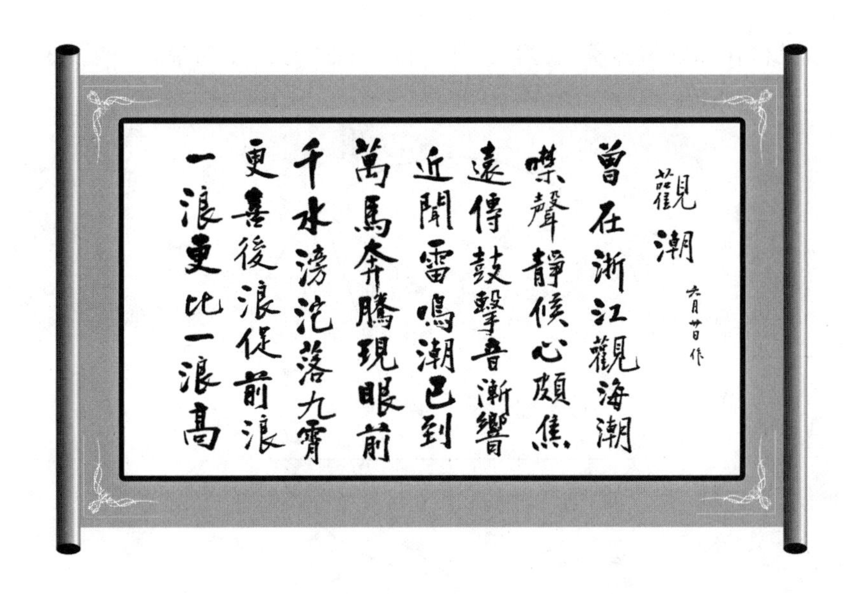

# 42. 尺规作图又一题

如图 1,已知线段 $a$,$t$,角 $\alpha$.

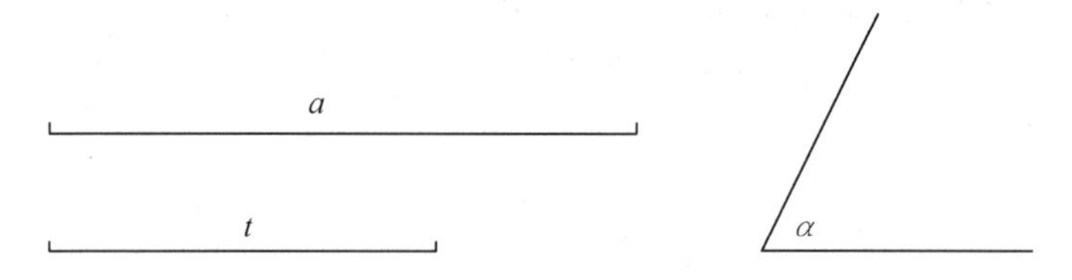


图 1

求作 $\triangle ABC$,使 $BC=a$,$\angle BAC=\alpha$,$\angle BAC$ 的角平分线 $AD=t$(点 $D$ 在边 $BC$ 上).

这道几何作图题不容易,我读高一时,做的测试题,6 个班没有一个人做出来.

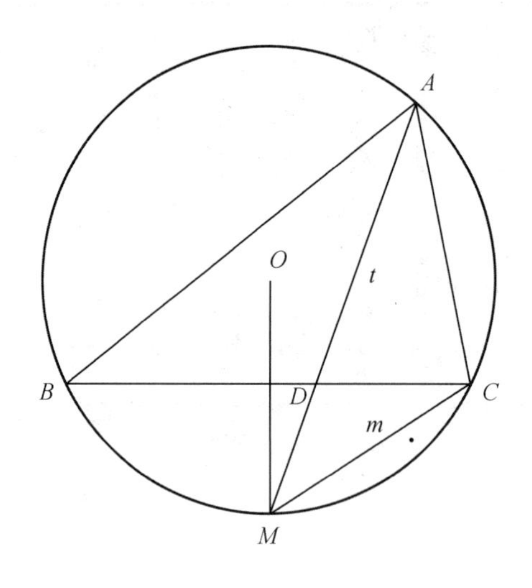


图 2

作法如下:如图 2,作 $BC=a$. 以 $BC$ 为底,作含角为 $\alpha$ 的弓形弧,补足为圆. 作出 $\overset{\frown}{BC}$ 的中点 $M$(过圆心 $O$ 作垂直于弦 $BC$ 的直径,交 $\overset{\frown}{BC}$ 于点 $M$).

设这时 $MC=m$(已知长),又设 $MA=x$.

因为 $\triangle MCA \backsim \triangle MDC$,所以

$$x(x-t)=m^2$$

从而

$$x = \frac{1}{2}(t + \sqrt{t^2 + 4m^2}) \tag{1}$$

式(1) 中的 $x$ 可依下法作出(图 3):

以 $\frac{t}{2}$,$m$ 为直角边作直角三角形 $PQR$,则斜边 $PR = \frac{1}{2}\sqrt{t^2 + 4m^2}$. 延长 $PR$ 到点 $H$,使 $RH = \frac{t}{2}$,则 $PH = \frac{1}{2}(t + \sqrt{t^2 + 4m^2})$.

最后,以点 $M$ 为心,$PH$ 为半径画弧,交前述弓形弧于点 $A$. 补全 $\triangle ABC$ 即可.

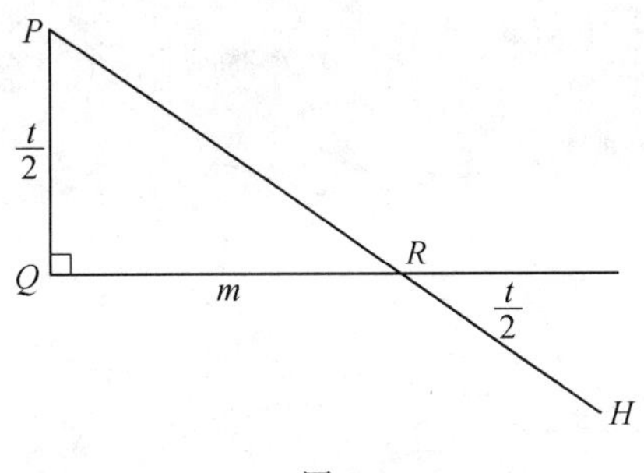


图 3

作 $PH$ 的图与作 $\triangle ABC$ 的图分开画,清楚一些.

# 43. 面积之和

**例**　如图 1,四边形 $ABCD$ 中,点 $M,N$ 分别在边 $AD,BC$ 上,并且

$$\frac{AM}{MD}=\frac{NC}{BN} \tag{1}$$

$BM,AN$ 相交于点 $P$,$CM,DN$ 相交于点 $Q$.

求证

$$S_{\triangle ABP}+S_{\triangle CDQ}=S_{MPNQ} \tag{2}$$

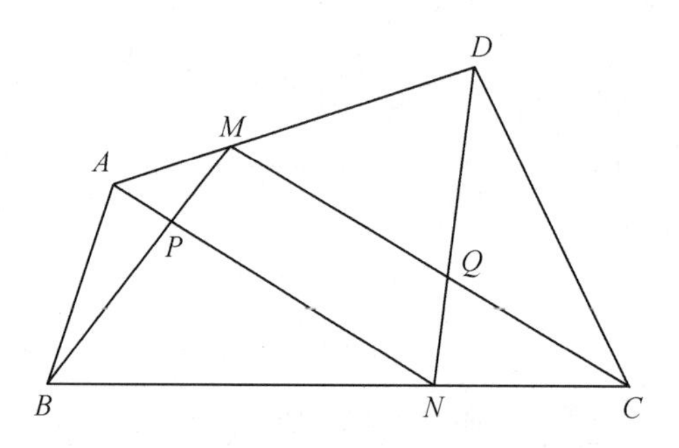


图 1

通常证明两块面积之和等于第三块,或者将这两块并成一块,或者将第三块分为两块.

$\triangle ABP$ 与 $\triangle CDQ$ 似不易拼成一个便于计算的图形.

那么,联结 $MN$,看看是否有

$$S_{\triangle MPN}=S_{\triangle ABP} \tag{3}$$

及

$$S_{\triangle MNQ}=S_{\triangle CDQ} \tag{4}$$

如果(3)(4) 成立,那么问题就解决了.

但是,事与愿违.(3) 一般并不成立. 事实上,$\triangle MPN$ 与 $\triangle ABP$ 同拼上 $\triangle PBN$ 后,得到 $\triangle MBN$ 与 $\triangle ABN$.

$\triangle MBN$ 与 $\triangle ABN$ 同以 $BN$ 为底,但只在 $AM \parallel BN$ 时,才是等高的.

当然,也可由 $\triangle MPN$ 与 $\triangle ABP$ 同拼上 $\triangle APM$ 得出同样结论.

失败是必然的. 因为条件(1) 根本未用,怎能奢望证出结论(2).

条件(1) 可写成

$$\frac{AM}{MD}=\frac{m}{n}=\frac{NC}{BN}$$

也可写成

$$\frac{AM}{AD}=\frac{m}{m+n}=\frac{NC}{BC} \text{ 或 } \frac{AM}{AD}=\frac{NC}{BC}=\lambda$$

其中 $m,n,\lambda=\frac{m}{m+n}$ 都是正实数.

失败是成功之母,它启示我们应当将有关三角形同添上一块,成为与比例式(1) 有关联的三角形. 例如

$$S_{\triangle ABP}+S_{\triangle APM}=S_{\triangle ABM}=\lambda S_{\triangle ABD} \tag{5}$$

同样

$$S_{\triangle CDQ}+S_{\triangle CQN}=S_{\triangle CDN}=\lambda S_{\triangle BCD} \tag{6}$$

(5) + (6),得

$$S_{\triangle ABP}+S_{\triangle CDQ}+S_{\triangle APM}+S_{\triangle CQN}=\lambda S_{ABCD} \tag{7}$$

而

$$\begin{aligned}&S_{MPNQ}+S_{\triangle APM}+S_{\triangle CQN}\\=&S_{ANCM}\\=&S_{\triangle ANC}+S_{\triangle ACM}\\=&\lambda S_{\triangle ABC}+\lambda S_{\triangle ACD}\\=&\lambda S_{ABCD}\end{aligned} \tag{8}$$

由(7)(8) 立得(2).

上面的解法属于面积割补法,我们添上(补上) 两个三角形,即 $\triangle APM$ 与 $\triangle CQN$,使得条件(1) 能够用上,从而解决问题. 如果添上 $\triangle PBN$ 与 $\triangle MQD$,效果相同.

如果添上 $\triangle PBN$ 与 $\triangle CQN$(或 $\triangle APM$ 与 $\triangle MQD$) 呢?

这时

$$\begin{aligned}&S_{\triangle ABP}+S_{\triangle CDQ}+S_{\triangle PBN}+S_{\triangle CQN}\\=&S_{\triangle ABN}+S_{\triangle CDN}\\=&\frac{1}{2}BN\times h_1+\frac{1}{2}NC\times h_2\\=&\frac{1}{2}\times BC\times\frac{nh_1+mh_2}{m+n}\quad (h_1,h_2\text{ 分别为点 }A,D\text{ 到 }BC\text{ 的距离})\end{aligned} \tag{9}$$

$$\begin{aligned}&S_{MPNQ}+S_{\triangle PBN}+S_{\triangle CQN}\\=&S_{\triangle MBC}\\=&\frac{1}{2}BC\times h\quad (h\text{ 是点 }M\text{ 到 }BC\text{ 的距离})\end{aligned} \tag{10}$$

于是,只需证明

$$h=\frac{nh_1+mh_2}{m+n} \tag{11}$$

而(11)正是定比分点的公式(如果将直线 $BC$ 作为直角坐标系的 $x$ 轴,那么 $h_1$,$h_2$,$h$ 分别是点 $A$,$D$,$M$ 的纵坐标).

后一种解法是深圳科学高中尚强校长提供的.

一道题可以有多种解法.

"条条道路通罗马",这是罗马皇帝尤里安的一句名言.

俄罗斯的著名作家梅列日科夫斯基的基督与反基督三部曲,第一部就是《众神之死:背教者尤里安》(第二部是《众神复活:列奥纳多达芬奇》).辽宁教育出版社的《新世纪万有文库》中有梅列日科夫斯基的上述著作.

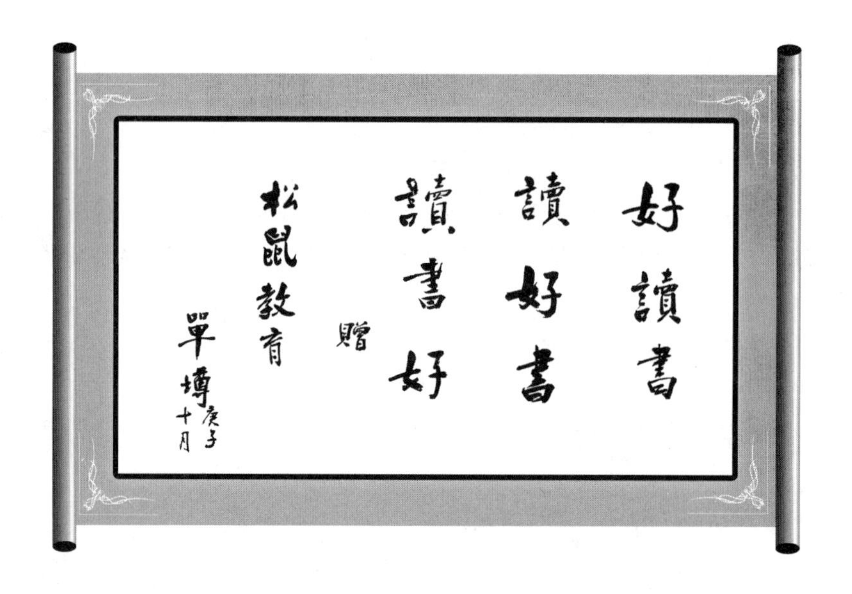

# 44. 寻找特殊角

平面几何中的计算题,在未学到较多的三角知识之前,往往需要利用特殊角,即 $30°$,$45°$,$60°$,$90°$ 这样的角.因此,寻找特殊角,十分重要.

下面是一道中考的几何题.

**例** 如图 1,$\triangle ABC$ 中,$AB=AC$,点 $D$,$E$ 分别在 $AC$,$AB$ 上,并且 $CD=DE=EA=\sqrt{6}$,$\angle DCE=40°$.求 $BC$.

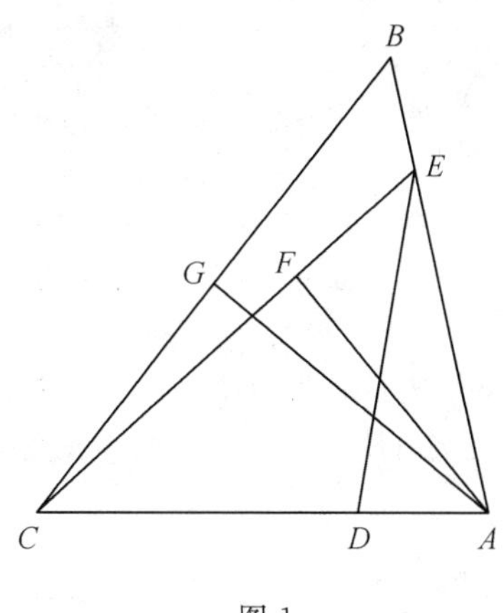


图 1

**解** 易知

$$\angle CED=\angle DCE=40°$$
$$\angle EAD=\angle EDA=\angle CED+\angle DCE=80°$$
$$\angle DEA=180°-2\angle EAD=20°$$

这些都不是上面说的特殊角,但

$$\angle CEA=\angle CED+\angle DEA=60°$$

谢天谢地,终于找到一个特殊角!

作 $AF\perp CE$,$AG\perp CE$,点 $F$,$G$ 为垂足,因为 $AB=AC$,所以点 $G$ 是 $BC$ 中点,$\angle GAC=\dfrac{1}{2}\angle EAD=40°$.

$\mathrm{Rt}\triangle AFC$ 与 $\mathrm{Rt}\triangle CGA$ 有公共的斜边 $AC$,并且 $\angle ACF=40°=\angle CAG$,所以

$$\mathrm{Rt}\triangle AFC\cong\mathrm{Rt}\triangle CGA$$
$$CG=AF$$

从而

$$BC=2CG=2AF=2\times AE\times\frac{\sqrt{3}}{2}=\sqrt{3}AE=\sqrt{3}\times\sqrt{6}=3\sqrt{2}$$

# 45. 中考题

有些中考题，较偏. 介绍的解法既繁琐，又未能展现题目的几何属性. 值得讨论改进(原解法未附，Sorry).

**例** 如图1，已知$\triangle ABC$中，$AD$为角平分线，$BD=3$，点$E$在$AC$上，并且$\angle AED=\angle DAE$，$AB+CE=7$，$\cos C=\frac{2\sqrt{10}}{7}$. 求$AE$.

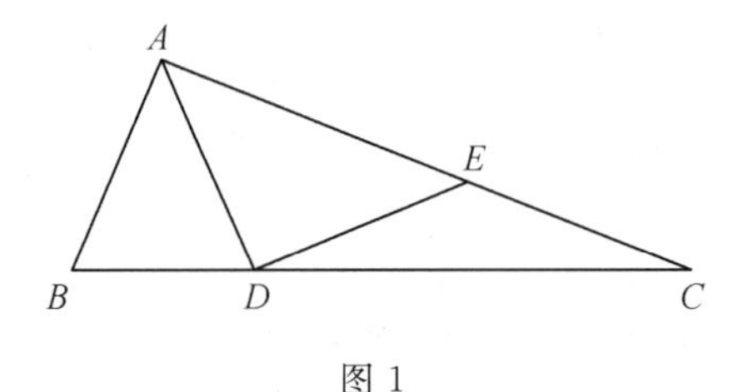


图 1

因为$\angle AED=\angle DAE$，所以$DA=DE$.

困难在于$AD$为角平分线与$AB+CE=7$这两个条件(特别是后一个)如何用好.

因为$AD$为角平分线，所以

$$\angle BAD=\angle DAC$$

因为$\angle AED=\angle DAE$，所以

$$DE=DA,\angle AED=\angle BAD$$

如图2，在$EA$上取点$H$，使$EH=AB$，则$CH=AB+CE=7$，并且

$$\triangle BDA\cong\triangle HDE(\text{SAS})$$

$$BD=HD,\angle B=\angle EHD$$

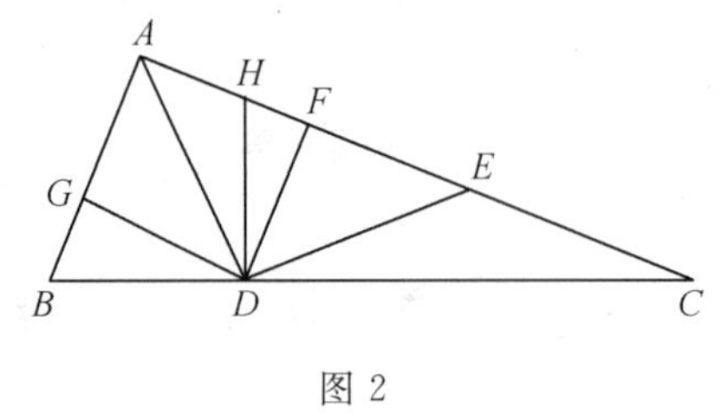


图 2

因为$\cos C=\frac{2\sqrt{10}}{7}$，所以

$$\sin C=\sqrt{1-\cos^2 C}=\sqrt{1-\frac{40}{49}}=\frac{3}{7}=\frac{BD}{CH}=\frac{HD}{CH}$$

因此 $HD$ 就是点 $H$ 到 $BC$ 的距离，即 $HD \perp BC$，于是

$$\angle B = \angle EHD = 90^\circ - \angle C$$

$$\angle BAC = 180^\circ - \angle B - \angle C = 90^\circ$$

$\triangle ABC$ 是一个直角三角形！

这或者是始料未及的.

如果解这道题而未能得出这个结论，实在是隔靴搔痒！

现在形势简单明朗，过点 $D$ 作 $DF \perp AC$，$DG \perp AB$，点 $F$，$G$ 为垂足，则四边形 $AGDF$ 是正方形，而且点 $F$ 是 $AE$ 中点.

$$\begin{aligned} AE &= 2AF = 2DG = 2BD\cos\angle BDG = 2BD\cos C \\ &= 2\times 3\times\frac{2\sqrt{10}}{7} = \frac{12\sqrt{10}}{7} \end{aligned}$$

几何题，有时要添辅助线，但辅助线并非越多越好，应添在关键处，使问题迎刃而解，添得太多，扰乱人心，反而不好.

本节与上节的几何题，原先我都是用三角做的，这次整理，完全推倒重做.

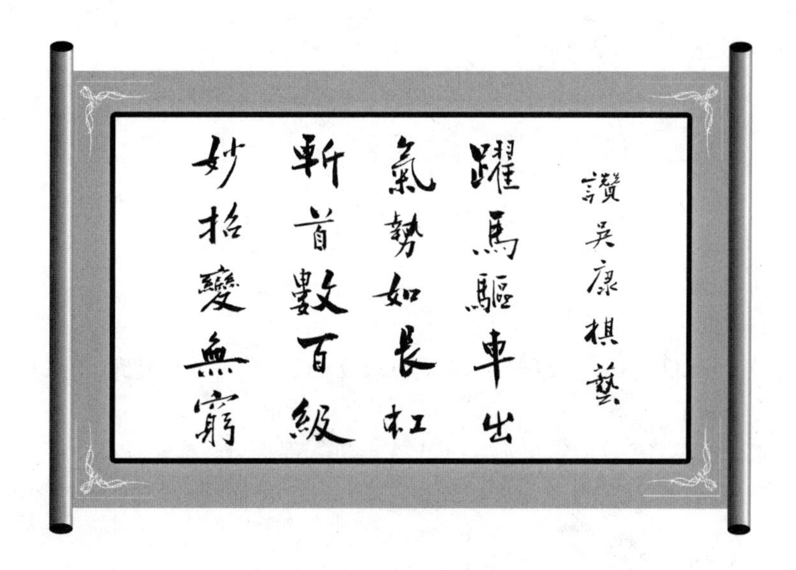

## 46. 绕过困难

共工氏被祝融氏打败，逃到不周山下，高山挡住去路，祝融氏的大军从后面追来，共工氏走投无路，便用头去撞不周山，肉头当然不如石头山结实，共工氏头碎身亡.

其实共工氏应当冷静地看一看，找一找，发现一条路，绕过面前的困难. 不要愚蠢地坚持用头撞山.

做题也是如此.

困难在面前，不一定非要克服它，绕过去也是上策.

请看下例.

**例** 如图 1，已知 $\triangle ABA'$ 是等腰直角三角形，$\angle ABA'=90°$. $BC \parallel AA'$，$\angle ACA'=75°$，$A'C$ 交 $AB$ 于点 $D$. 求证：$AC=AD$.

**解** 75° 不是前述特别角（但 75° 是两个特别角 45° 与 30° 的和），不太好利用.

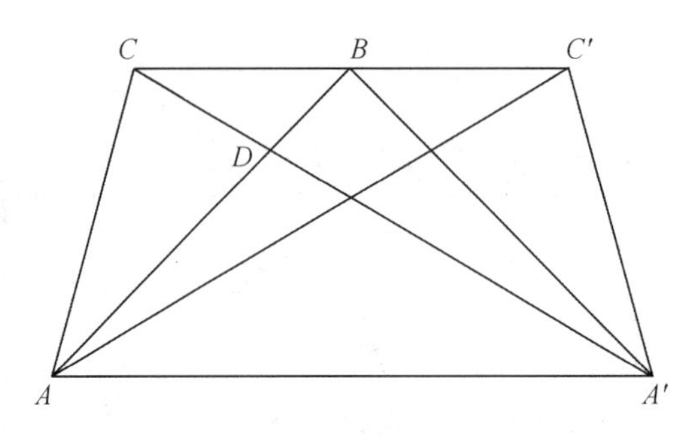


图 1

如果 $AC=AD$，那么 $\angle CDA=75°$，$\angle CAD=30°$ 是一个特别角. $\angle CA'A=\angle CDA-\angle BAA'=75°-45°=30°$，也是一个特别角.

反过来，如果 $\angle CAD=30°$ 或 $\angle CA'A=30°$，那么

$$\angle CDA=75°$$

$$AC=AD$$

问题迎刃而解，但 $\angle CAD=30°$ 或 $\angle CA'A=30°$ 都不是已知的.

这种情况正好用同一法.

但很多人不喜欢同一法（我读初中时也不喜欢，总认为有一个直接、正面的证法更好）.

为此，我们可以采用类似于同一法的方法，即另造一个 30° 的角，从而绕过

困难.

作 $\angle A'AC'=30^\circ$,射线 $AC'$ 与 $AC$ 在直线 $AA'$ 同侧,并且交直线 $CB$ 于点 $C'$. 联结 $CC'$.

因为 $\angle A'AC'=30^\circ$,所以点 $C'$ 到 $AA'$ 的距离是 $AC'$ 的一半.

因为 $CB \parallel AA'$,所以点 $C'$ 到 $AA'$ 的距离 $=$ 点 $B$ 到 $AA'$ 的距离 $=\frac{1}{2}AA'$,从而

$$AC'=AA'$$

$$\angle AC'A'=\angle C'A'A=\frac{1}{2}(180^\circ-30^\circ)=75^\circ=\angle ACA'$$

于是 $A,A',C',C$ 四点共圆.

$$\angle CA'A=\angle CC'A=\angle A'AC'=30^\circ$$

$$\angle CDA=30^\circ+45^\circ=75^\circ=\angle ACA'$$

$$AC=AD$$

本题与一些常见老题关系密切.

例如,将 $\triangle AA'B$ 关于 $AA'$ 对称,产生一个正方形 $AB'A'B$,$AA'$ 是它的对角线,$BC$ 与这条对角线平行,如果 $A'C=A'A$,那么 $\angle CA'A=30^\circ$.

再如将图形关于直线 $BC$ 翻转,得正方形 $AA'A''A'''$(图 2). 这时 $\triangle A'CA''$ 是正三角形. 这也类似于一个著名的老问题:设 $C$ 在正方形 $AA'A''A'''$ 内,且

$$\angle CAA'''=\angle CA'''A=15^\circ$$

则 $\triangle A'CA''$ 是正三角形. 正好可以用上面的证法证明(要点是向内作一个正三角形 $A'''AC'$).

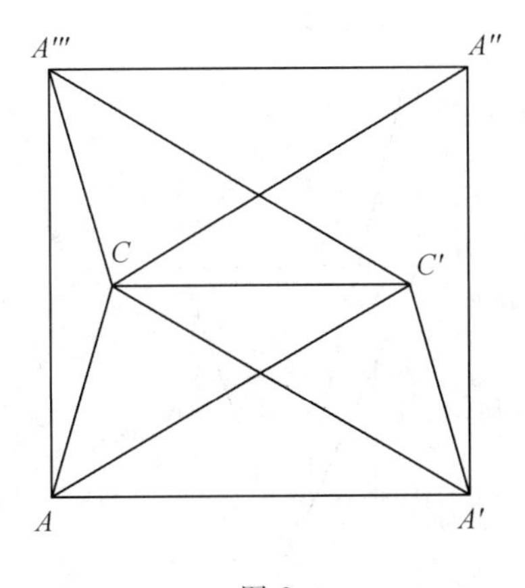


图 2

# 47. 寻求一般

如图 1，点 $P$ 在正方形 $ABCD$ 外，$PA=\sqrt{3}$，$PB=2$，$\angle APB=45°$. 求 $AB$，$PD$.

如果 $PA$，$PB$ 的值不变而 $\angle APB$ 是可变的(当然 $AB$ 也随之变化) 在它为什么值时，$PD$ 最大？

学过初一代数的人，当然会想到寻求一般的结果. 设 $PA=a$，$PB=b$，$\angle APB=\alpha$. 又记 $AB=c$，$PD=d$，则由余弦定理，有

$$c^2=AB^2=a^2+b^2-2ab\cos\alpha$$

$$\begin{aligned}d^2=PD^2&=c^2+a^2-2ac\cos\angle PAD\\&=c^2+a^2+2ac\sin\angle PAB\\&=c^2+a^2+2ab\sin\alpha\end{aligned}$$

特别地，在 $a=\sqrt{3}$，$b=2$，$\alpha=45°$ 时

$$c^2=3+4-2\times2\times\sqrt{3}\times\frac{\sqrt{2}}{2}=7-2\sqrt{6}$$

$$c=\sqrt{7-2\sqrt{6}}=\sqrt{6}-1$$

$$d^2=7-2\sqrt{6}+3+2\sqrt{6}=10$$

$$d=\sqrt{10}$$

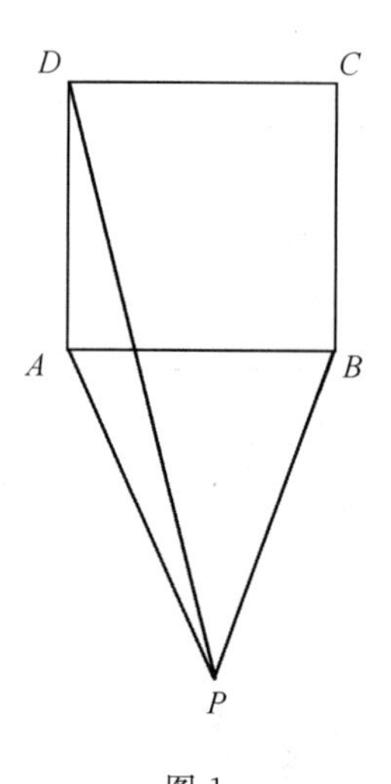


图 1

在 $\alpha$ 变动时

$$\begin{aligned} d^2 &= c^2 + a^2 + 2ab\sin\alpha \\ &= 2a^2 + b^2 + 2ab(\sin\alpha - \cos\alpha) \\ &= 2a^2 + b^2 + 2ab(\sin\alpha - \sin(90^\circ - \alpha)) \\ &= 2a^2 + b^2 + 2\sqrt{2}\,ab\sin(\alpha - 45^\circ) \\ &\leqslant 2a^2 + b^2 + 2\sqrt{2}\,ab \end{aligned}$$

在 $\alpha = 135^\circ$ 时，$d$ 取得最大值$\sqrt{2a^2 + b^2 + 2\sqrt{2}\,ab}$.（在 $a = \sqrt{3}$，$b = 2$ 时，$d$ 最大值为$\sqrt{6} + 2$.）

显然用字母代替数，结果一般，而且避免了中间过程的繁复计算.

这道题当然用余弦定理及面积公式

$$S_{\triangle PAB} = \frac{1}{2}ac\sin\angle PAB = \frac{1}{2}ab\sin\alpha$$

为好.不用则比较麻烦.所以初中既然已引入三角函数，就应当及时引入有关的定理，特别是余弦定理.

一种不好的倾向就是将用后面的知识不难解决的问题挪到前面考学生.因为不能直接利用相关知识，就得挖空心思想些“怪招”，极不自然，大大增加学生负担.

多学点知识，考题不难，学生负担轻.知识学得虽然看上去不多，考题却难（除非知道后面的知识），学生负担重.

# 48. 还是一般化

如图 1,点 $E,F,G,H$ 分别在正方形 $ABCD$ 的边 $AB,BC,CD,DA$ 上,并且 $EG=3,FH=4,S_{EFGH}=5$. 求 $S_{ABCD}$.

**解** 可考虑更一般的问题,即将 3,4,5 改为 $a$,$b$,$c$.

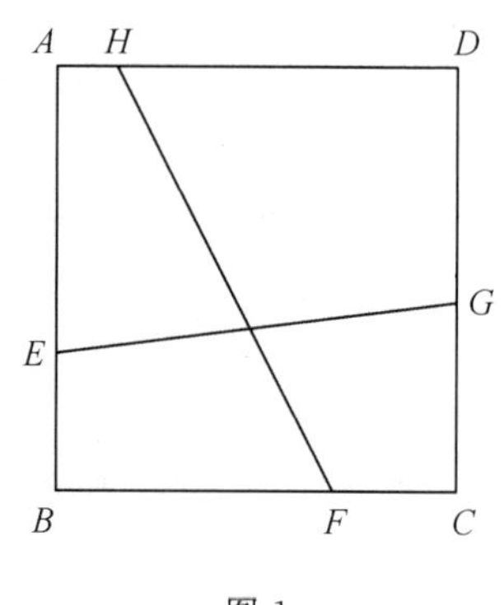


图 1

设 $AB=x$,$\angle EGC=\alpha$,$\angle HFC=\beta$,则

$$a\sin\alpha=x \qquad (1)$$

$$b\sin\beta=x \qquad (2)$$

$EG,FH$ 的交角为

$$360^\circ-90^\circ-\alpha-\beta=270^\circ-\alpha-\beta$$

因此

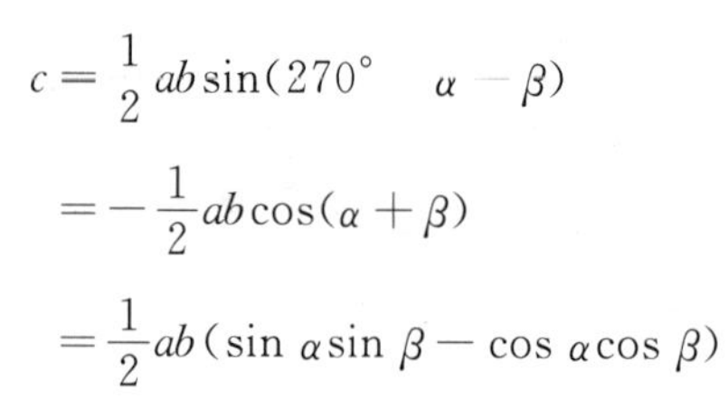

$$\begin{aligned} c&=\frac{1}{2}ab\sin(270^\circ-\alpha-\beta)\\ &=-\frac{1}{2}ab\cos(\alpha+\beta)\\ &=\frac{1}{2}ab(\sin\alpha\sin\beta-\cos\alpha\cos\beta)\end{aligned}$$

所以由(1)(2),有

$$x^2-\sqrt{(a^2-x^2)(b^2-x^2)}=2c$$

移项并将等式两边平方,得

$$(a^2-x^2)(b^2-x^2)=(x^2-2c)^2$$

从而,$a\neq b$ 时

$$S_{ABCD}=x^2=\frac{a^2b^2-4c^2}{a^2+b^2-4c}$$

特别地 $a=3,b=4,c=5$ 时,$S_{ABCD}=\frac{44}{5}$.

注意$\frac{1}{2}ab\geqslant c$,当且仅当 $a=b$(这时 $EG\perp FH$)时,等号成立. 所以在 $a\neq b$ 时,$a^2+b^2-4c>0$;在 $a=b$ 时($c=\frac{a^2}{2}$),$S_{ABCD}$ 无法定出(条件不够).

# 49. 化难为易的同一法

一帖讨论了如下问题：

如图1,已知$CN$平分正方形$ABCD$的外角$\angle DCE$,点$M$是边$BC$上一点,$MN\perp AM$.求证:$AM=MN$.

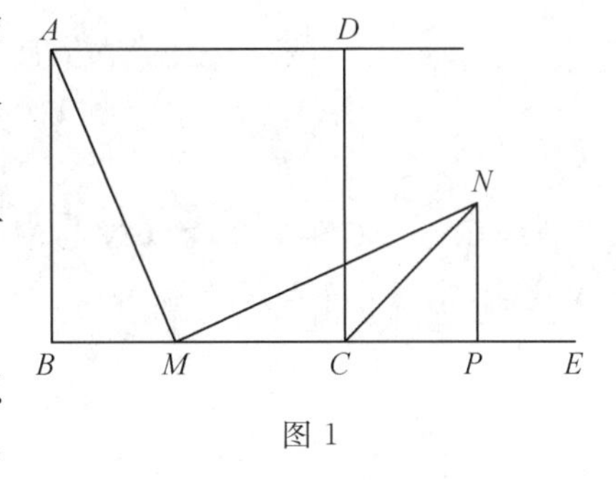


图 1

该帖介绍了多种证法,且作了推广,但证法均不甚容易.

如果将题目略改一改,变成下题：

点$M$在正方形$ABCD$的边$BC$上,点$P$在$BC$的延长线上,并且$CP=BM$,$MN\perp AM$,$NP\perp BC$.求证:$CN$平分$\angle DCP$,并且$AM=MN$.

这是一道普通学生都能完成的证明题.因为$\mathrm{Rt}\triangle MNP\cong\mathrm{Rt}\triangle AMB$,所以$AM=MN$,并且

$$NP=BM=CP$$

从而$CN$平分$\angle DCP$.

这道题与开始所说的题,关系密切.在一定意义上可以说这题的结果是那题的逆命题.

原命题正确,不能导出逆命题正确.但在一定条件下,由原命题的正确可以导出逆命题的正确,这条件就是某种唯一性.

同一法正是利用这唯一性,化难为易.

你看,新的题中,$MN\perp AM$是已知,后来又证出$CN$平分$\angle DCP$,而$AM$的过点$M$的垂线与$\angle DCP$的平分线,只有一个唯一的交点$N$,所以新题中的点$N$就是开始所说题中的点$N$.现在(在$CP=BM$的条件下)已经证明$AM=MN$,当然在开始所说的题中也是如此.但现在的证明容易得多.

该帖中的推广,如"在矩形$ABCD$中,$BC=2AB$,点$M$在边$BC$上,$AM\perp MN$,$AC\perp CN$.求证:$MN=2AM$".

同样地,如图2,在$BC$延长线上取点$P$,使$CP=BM$.作$PN\perp BC$,交$MN$于点$N'$,易知

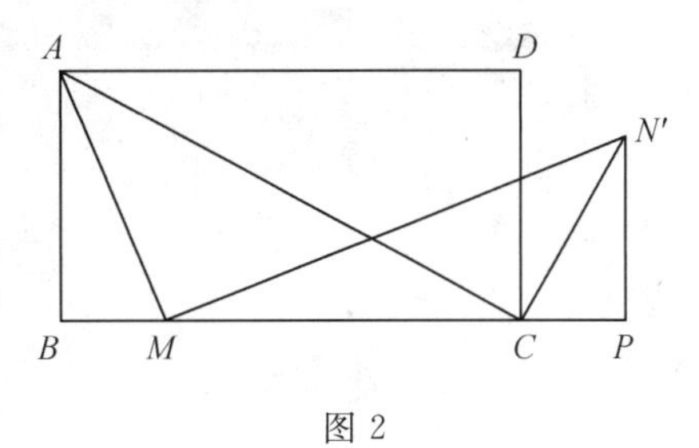


图 2

$$\mathrm{Rt}\triangle MN'P\backsim\mathrm{Rt}\triangle AMB$$

所以

$$\frac{MN'}{AM}=\frac{MP}{AB}=\frac{BC}{AB}=2$$

并且

$$\frac{N'P}{CP}=\frac{N'P}{MB}=\frac{BC}{AB}$$

所以

$$\mathrm{Rt}\triangle N'CP \backsim \mathrm{Rt}\triangle CAB$$

$$\angle N'CP=\angle CAB$$

$$N'C \perp AC$$

于是直线 $CN'$ 与 $CN$ 重合，而 $CN$ 与 $MN$ 只有一个唯一的交点 $N$，所以点 $N'$ 与点 $N$ 重合，由(1)得 $MN=2AM$.

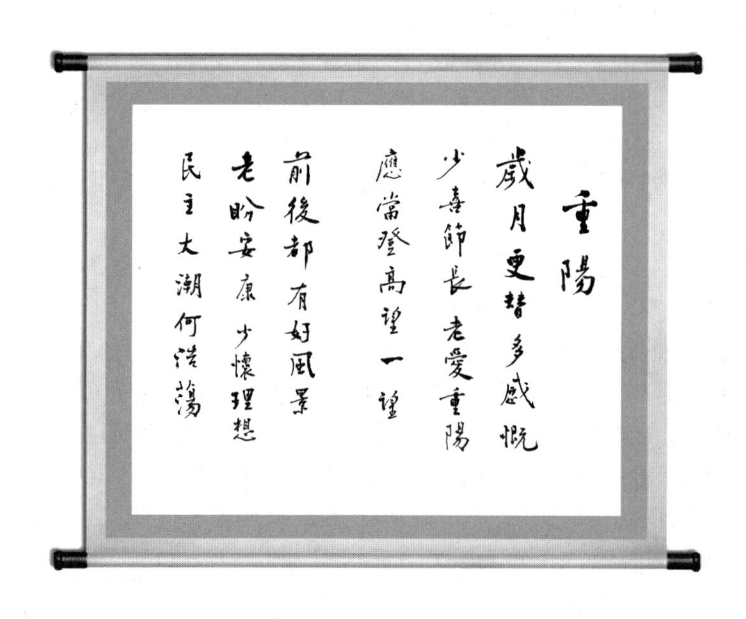

# 50. 三角几何

如图 1，$\angle ACB=90^\circ$，$CA=CB$，点 $D$ 在 $\triangle ABC$ 外，$\angle DAC=90^\circ$，$CD=a$，点 $E$ 在 $AC$ 上，$CE=b$，$\angle ABE=\frac{1}{2}\angle ACD$. 求 $AD$（用 $a$，$b$ 表示）.

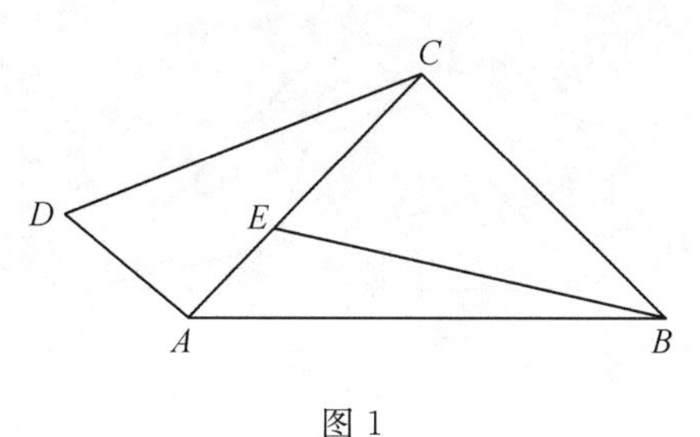


图 1

这题用三角来解很自然.

设 $\angle ABE=\alpha$，则

$$CA=CB=a\cos 2\alpha$$

$$\begin{aligned}b=CE&=a\cos 2\alpha\tan(45^\circ-\alpha)\\&=a\sin(90^\circ-2\alpha)\tan(45^\circ-\alpha)\\&=2a\sin(45^\circ-\alpha)\cos(45^\circ-\alpha)\cdot\frac{\sin(45^\circ-\alpha)}{\cos(45^\circ-\alpha)}\\&=2a\sin^2(45^\circ-\alpha)\\&=a(1-\cos2(45^\circ-\alpha))\\&=a(1-\sin 2\alpha)\end{aligned}$$

所以

$$AD=a\sin 2\alpha=a-b$$

解法中要注意将 $\cos 2\alpha$ 化成 $\sin(90^\circ-2\alpha)$，再用二倍角公式便可与 $\tan(45^\circ-\alpha)=\frac{\sin(45^\circ-\alpha)}{\cos(45^\circ-\alpha)}$ 相约，达到化简的目的.

本题亦可用纯几何方法解（特别是知道结果为 $a-b$ 之后易得启发）.

如图 2，在 $CD$ 上取点 $F$，使 $DF=DA$，往证 $CF=CE$.

$$\begin{aligned}\angle DAF=\angle DFA&=\frac{1}{2}(180^\circ-\angle D)\\&=\frac{1}{2}(180^\circ-90^\circ+2\alpha)=45^\circ+\alpha\end{aligned}$$

$$\angle CAF=90^\circ-\angle DAF=45^\circ-\alpha=\angle CBE$$

作 $CG$ 使 $\angle BCG=\angle ACF=2\alpha$，$CG$ 交 $BE$ 于点 $G$.

$$\triangle CAF \cong \triangle CBG, CF = CG$$

$$\angle CGE = \angle CBE + \angle BCG = 45^\circ - \alpha + 2\alpha = 45^\circ + \alpha = \angle CEG$$

所以

$$CG = CE, CF = CE$$

$$AD = CD - CF = CD - CE = a - b$$

（注：$\angle DCG = 90^\circ$，上面的作法即将 $\triangle CFA$ 绕点 $C$ 逆时针旋转 $90^\circ$.）

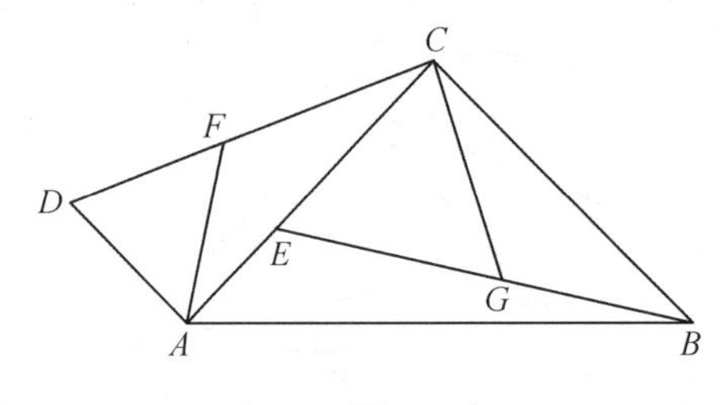


图 2

但如果不事先知道答案是 $a - b$，几何解法并不易想到.

应当提倡更普适的，更易想到的方法，目前中小学有一种趋势，即将下一阶段的题目提前. 由于限定了不能使用下一阶段的知识（如三角、方程等），题目的难度大为增加，解法也变得很不自然（上面的例题，几何解法还不错）. 这种做法不值得普遍提倡.

# 51. 如图

在网上看到 2019 年高中联赛加试的第一题：

如图 1，锐角三角形 $ABC$ 中，点 $M$ 是边 $BC$ 的中点，点 $P$ 在 $\triangle ABC$ 内，且 $AP$ 平分 $\angle BAC$，直线 $MP$ 与 $\triangle ABP$ 和 $\triangle ACP$ 的外接圆分别交于不同于点 $P$ 的两点 $D,E$. 证明：若 $DE=MP$，则 $BC=2BP$.

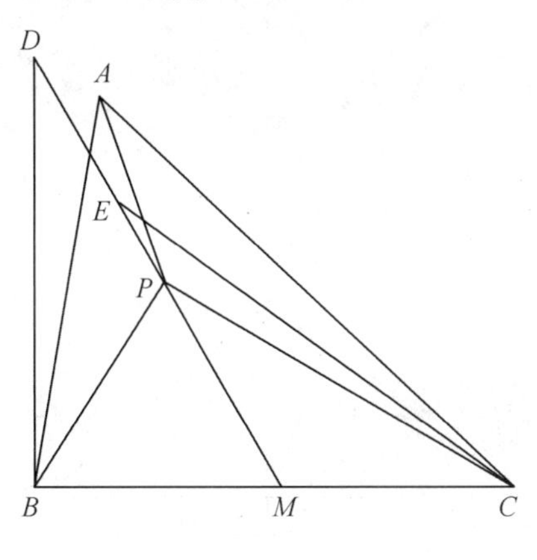


图 1

看到这题，第一印象是什么？

恐怕与我有同感的人不多，猜不到我的第一印象：这道题会不会错了？

为什么有这样的想法？因为题目中，点 $B,C$ 的地位完全平等，如果有 $BC=2BP$，那么不也应当有 $BC=2CP$ 吗？这样的话

$$BP+CP=BC$$

但 $P$ 一般不在 $BC$ 上，这个等式是不成立的. 题错了吗？仔细看看，题目开始还有两个字"如图"，这两个字很妙，在图上能看到什么呢？凡是重要的都应当而且已经写在这两字后面了，还有什么没有写的，而又非常重要呢？有的，这就是"点 $E$ 在 $D,P$ 之间".

如果不是"点 $E$ 在 $D,P$ 之间"而是"点 $D$ 在 $E,P$ 之间"，那么结果就是 $BC=2CP$，而不是 $BC=2BP$. 这"点 $E$ 在 $D,P$ 之间"还是加在已知中为好，虽然如图可见，但我们一再加强逻辑推理，反对仅凭"眼见为真"，这里也应当严谨一些.

题目讨论过了，怎么证呢？

这题有圆又有角，当然要用圆周角.

因为点 $D$ 在 $\odot ABP$ 上，所以

$$\angle BDM = \angle BAP$$

同理

$$\angle MEC = \angle PAC$$

因为 $\angle BAP = \angle PAC$,所以

$$\angle BDM = \angle MEC$$

于是,问题转化为:

如图 2,点 $M$ 为 $BC$ 中点,点 $D$ 在直线 $BC$ 外,点 $E$ 在线段 $MD$ 上,点 $P$ 在线段 $ME$ 上,并且 $DE = PM$,$\angle BDP = \angle MEC$. 求证:$BP = MC$.

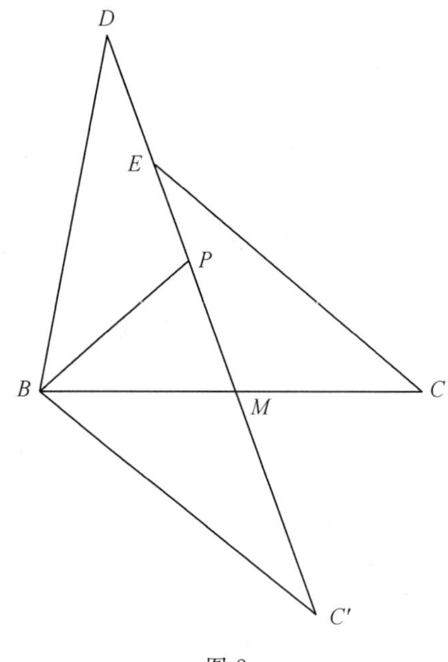


图 2

显然应当考虑 $\triangle BDP$ 与 $\triangle CEM$. 这两个三角形中,有 $\angle BDP = \angle MEC$,又有 $DP = EM$. 而且 $BP$ 与 $CM$ 也应当是相等的. 如果 $\triangle BDP \cong \triangle CEM$,那么结论 $BP = CM$ 立即得出,但我们还不能证出这两个三角形全等,因为 $BP = CM$ 是需要证明的结论,不是已知条件(即使已知 $BP = CM$,也不能得出两三角形全等,因为已知相等的角不是对应边的夹角).

必须利用已知条件 $BM = MC$!

为此,我们将 $\triangle MCE$"拿起来",放到 $\triangle BDM$ 的"身旁":使边 $MC$ 与 $MB$ 重合,这时因为

$$\angle EMC = 180^\circ - \angle BMD$$

所以 $ME$ 落到 $DM$ 的延长线上(可以用多种表达,如将 $\triangle MCE$ 绕中心 $M$ 旋转 $180^\circ$;延长 $DM$ 到点 $C'$,使 $MC' = EM$). 于是整个图形拼成一个 $\triangle DBC'$,而

$\angle BC'M = \angle CEM = \angle BDM$，所以 $BD = BC'$.

现在

$$\triangle BC'M \cong \triangle BDP(\text{SAS})$$

所以

$$BP = BM$$

我的朋友李克正说过数学也需要实验，平面几何中一些证明可以通过拼板得出，本图即是一例.

遗留一个问题：什么时候点 $E$ 在 $D$，$P$ 之间？

$D$，$E$ 不同，显然 $AC$，$AB$ 不等，在 $AC > AB$ 时，点 $D$ 不在 $P$，$E$ 之间，但何时点 $E$ 在 $D$，$P$ 之间，而不是点 $P$ 在 $D$，$E$ 之间呢？

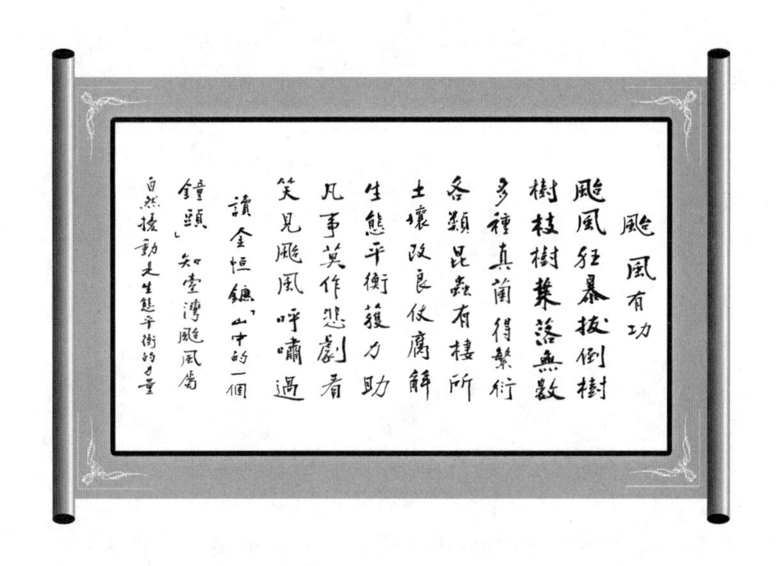

# 52. 量体裁衣

有些问题是根据某个定理出的，量身定做，解法应当用这个定理，才不致隔靴搔痒.

**例** 如图 1，点 $P$ 在 $\triangle ABC$ 内，$\angle ABC=60^\circ$，$\angle ACB=40^\circ$，$\angle ABP=20^\circ$，$\angle ACP=10^\circ$. 求 $\angle BAP$.

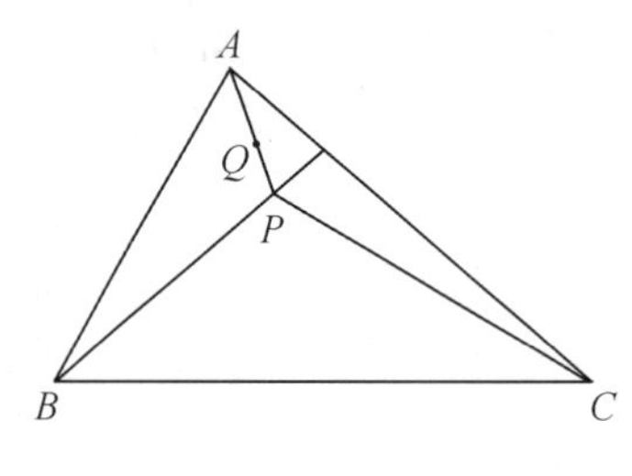


图 1

**解** $\angle PBC=40^\circ$，$\angle PCB=30^\circ$，$\angle BAC=80^\circ$，过点 $A$ 作 $AQ$，使 $\angle BAQ=50^\circ$，则 $\angle QAC=30^\circ$.

因为

$$
\begin{aligned}
&\frac{\sin 30^\circ}{\sin 50^\circ}\cdot\frac{\sin 30^\circ}{\sin 10^\circ}\cdot\frac{\sin 20^\circ}{\sin 40^\circ}\\
=&\frac{\sin 30^\circ}{\sin 50^\circ}\cdot\frac{\cos 10^\circ}{\sin 40^\circ}\\
=&\frac{\sin 30^\circ}{\sin 50^\circ}\cdot\frac{\sin 80^\circ}{\sin 40^\circ}\\
=&\frac{\cos 40^\circ}{\sin 50^\circ}=1
\end{aligned}
$$

所以根据塞瓦定理，$AQ$，$BP$，$CP$ 三线共点，即 $AQ$ 过点 $P$，且

$$\angle BAP=\angle BAQ=50^\circ$$

题是根据塞瓦定理量身定做的，解也应按照塞瓦定理量体裁衣.

# 53. 问题，无穷无尽的问题

数学中，问题多. 解决一个问题，却又产生许多问题.

举个例子，如图 1 是一个边长为 2 的正三角形 $ABC$，里面有一个内接正方形 $DEFG$，点 $D$,$G$ 分别在 $BC$,$AB$ 上，点 $E$,$F$ 在 $AC$ 上.

两个美好的图形在一起，立即产生许多问题，如：

1. 正方形的边长多长？

2. 正方形的顶点 $F$ 到 $BC$ 的距离是多少？

这两个问题不难，设边长 $DE=x$，则

$$BD=DG=x,DC=\frac{DE}{\sin 60^\circ}=\frac{2x}{\sqrt{3}}$$

而

$$x+\frac{2x}{\sqrt{3}}=2$$

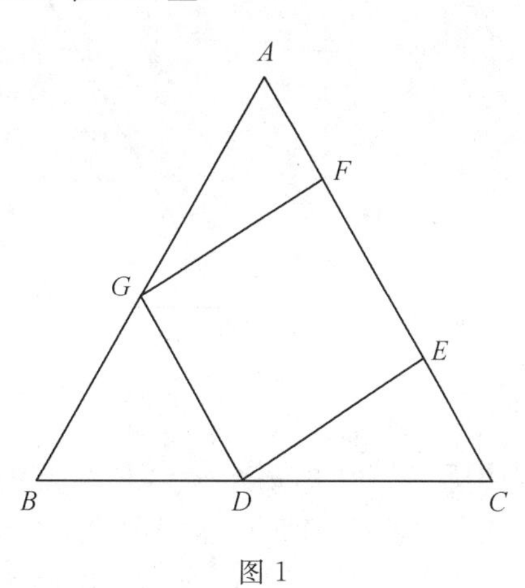


图 1

所以

$$x=\frac{2\sqrt{3}}{2+\sqrt{3}}=4\sqrt{3}-6$$

点 $F$ 到 $BC$ 的距离 $y$ 有很多求法.

$$y=FC\sin 60^\circ=DG\sin 60^\circ+DE\sin 30^\circ$$

$$=x(\sin 60^\circ+\cos 60^\circ)=\frac{\sqrt{3}+1}{2}x=3-\sqrt{3}$$

第 3 个问题：如何用圆规、直尺作出 $\triangle ABC$ 的内接正方形？

这也不难，作法多多. 如先作一条与 $AC$ 平行的线段 $D'G'$，$D'$,$G'$ 分别在 $BC$,$AB$ 上. 以 $D'G'$ 为边，完成正方形 $D'E'F'G'$. 再将它放大(或缩小)，使得点 $F'$,$E'$ 落到 $AC$ 上，即作直线 $BF$,$BE$，分别交 $AC$ 于 $F$,$E$，然后完成正方形 $DEFG$.

这种方法就是所谓相似作图法.

下面的问题稍有难度：

设点 $D$,$E$,$G$ 分别在 $BC$,$CA$,$AB$ 上移动，但保持 $DE=DG$ 及 $\angle EDG=90^\circ$，即设点 $D'$,$E'$,$G'$ 分别为 $BC$,$CA$,$AB$ 上的三个点，并且 $\triangle D'E'G'$ 是等腰直角三角形($\angle D'$ 为直角)，完成正方形 $D'E'F'G'$. 这时点 $F'$ 不一定在 $AC$ 上，但

$FF'$ 一定与 $BC$ 平行.如何证明?

证法有很多,下面给一个用计算的证明:

如图 2,设 $D'G'=x$,$\angle G'D'B=\alpha$,$\angle E'D'C=\beta$,则

$$\alpha+\beta=90^\circ \tag{1}$$

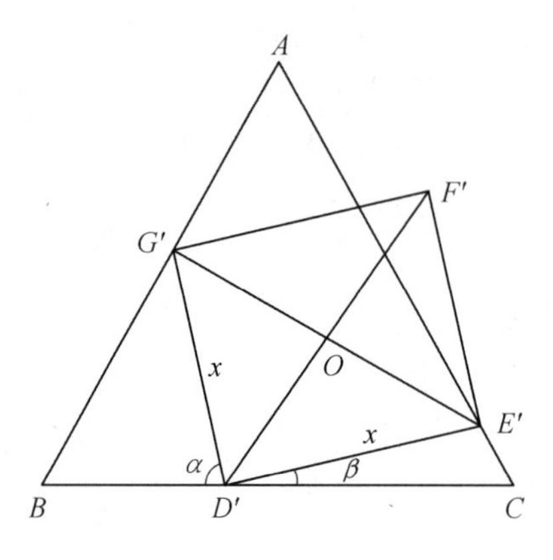


图 2

又设点 $F'$ 到 $BC$ 的距离为 $y$,只需证明 $y$ 即上面得出的 $3-\sqrt{3}$.

设正方形 $D'E'F'G'$ 的中心为点 $O$,则

$$\begin{aligned}y&=O\text{ 到 }BC\text{ 的距离}\times 2\\&=G'\text{ 到 }BC\text{ 的距离}+E'\text{ 到 }BC\text{ 的距离}\\&=x\sin\alpha+x\sin\beta\end{aligned} \tag{2}$$

而由正弦定理,有

$$\frac{x}{\sin 60^\circ}=\frac{BD'}{\sin(\alpha+60^\circ)}$$

所以

$$BD'=\frac{x\sin(\alpha+60^\circ)}{\sin 60^\circ}$$

同理

$$D'C=\frac{x\sin(\beta+60^\circ)}{\sin 60^\circ}$$

所以

$$\frac{x\sin(\alpha+60^\circ)}{\sin 60^\circ}+\frac{x\sin(\beta+60^\circ)}{\sin 60^\circ}=2$$

即

$$x(\cos\alpha+\cos\beta)+\frac{x\cos 60^\circ}{\sin 60^\circ}(\sin\alpha+\sin\beta)=2 \tag{3}$$

由(1)(2)可知(3),即

$$y(1+\cot 60^\circ)=2$$

所以 $y=3-\sqrt{3}$，$FF' \parallel BC$.

还有很多问题，图 2 中的正方形 $D'E'F'G'$ 如何作？是否对 $BC$ 上每一点 $D'$，都能作出正方形 $D'E'F'G'$（或内接等腰直角三角形 $D'E'G'$）？$\angle B=\angle C$ 但不是 $60^\circ$ 又如何？$\triangle ABC$ 不是等腰三角形又如何？纯几何的证明又如何？

深圳科学高中的尚强校长告诉我，对这些问题，梁绍鸿的名著《初等数学复习及研究》可作参考，我原先有这本书，可能已送给别人了.

# 54. 一段佳话

我在深圳科学高中讲课时,有这样第一道题:

边长为 $a$ 的正方形 $ABCD$ 内,有一个边长为 $b$ 的正方形 $EFGH$(图 1). 求 $S_{ABFE}+S_{CDHG}$.

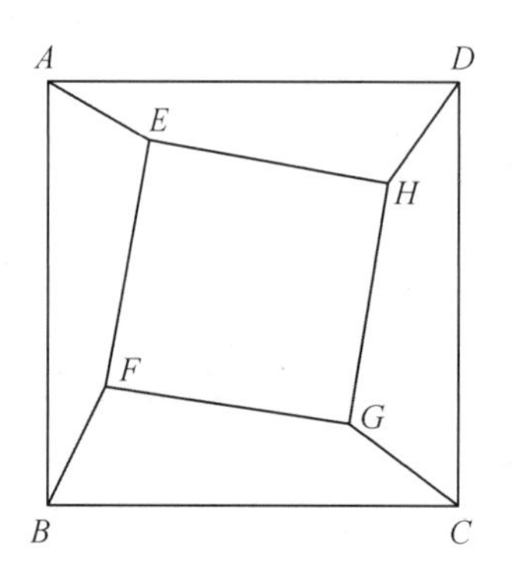


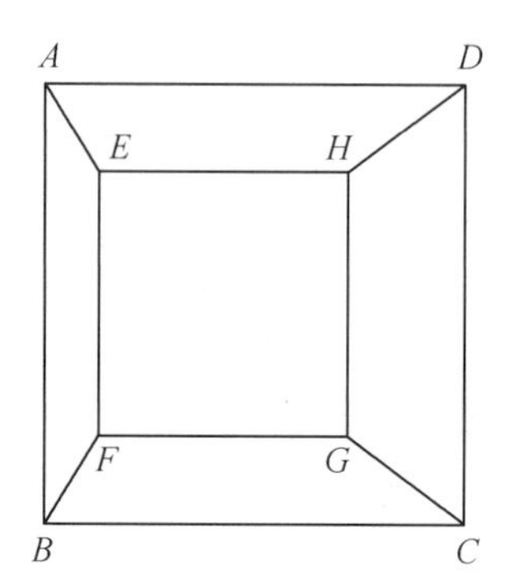


图 1

我讲完这题后,有一位林枫同学提出他的一种想法,稍复杂,一时难以判定对错,只能让他课后再进一步完善.

课后,尚强校长认为可能上述思路行不通. 但林枫同学并不放弃,他补充了证明,并给校长写了一封信.

> 亲爱的尚校:
>
> 您好!
>
> 12 月 17 日下午,单墫教授莅临我校指导时,我有幸上台讲解我对教授所讲第一题的思路. 您指出我的思路无法完成证明. 本着"吾爱吾师,吾更爱真理"的理念,我与高二(7) 班刘笛庆同学沿着这思路,完成了证明. 请您百忙中拨冗查阅,确认证明是否正确. 感激不尽.
>
> 高二(16) 班　　林枫

尚强校长,不仅是科学高中的校长,而且是著名的几何学家,他在百忙中挤出时间,研究了该题的解法,肯定了林枫同学的做法,并回信予以鼓励.

下面介绍一下本题的解法.

**解法一**　首先看一个特殊的情况.

如果两个正方形的对应边互相平行,那么四边形 $ABFE$ 与 $CDHG$ 都是梯形,面积不难求出(其中 $h_1$,$h_2$ 分别为两个梯形的高)

$$
\begin{aligned}
& S_{ABFE}+S_{CDHG} \\
= & \frac{1}{2}(a+b)h_1+\frac{1}{2}(a+b)h_2 \\
= & \frac{1}{2}(a+b)(h_1+h_2) \\
= & \frac{1}{2}(a+b)(a-b) \\
= & \frac{1}{2}(a^2-b^2)
\end{aligned}
$$

即四边形 $ABFE$ 与 $CDHG$ 的面积之和等于另两个四边形 $BCGF$ 与 $DAEH$ 的面积之和.

这一结果大概凭感觉即可得出,因为左、右两个四边形面积之和没有理由大于上、下两个四边形面积之和,也没有理由比它们的和小.

一般情况,结果也是 $\frac{1}{2}(a^2-b^2)$.

解法是过点 $E,F,G,H$ 作直线分别与 $AB,BC,CD,DA$ 平行,形成一个正方形 $E'F'G'H'$,设它的边长为 $c$(图 2).

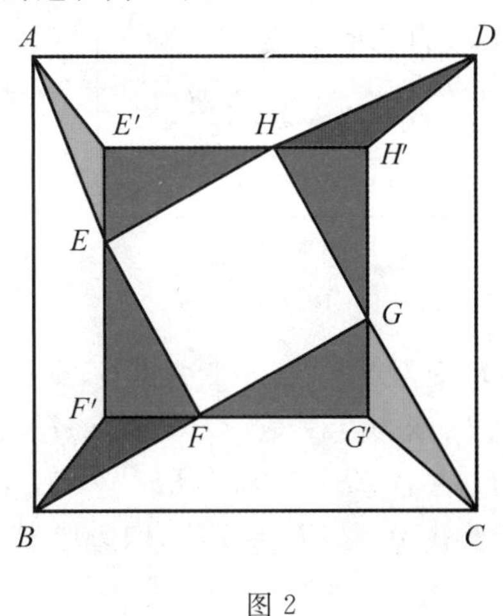


图 2

易知图 2 中,四个红色三角形全等,面积均为 $\frac{1}{4}(c^2-b^2)$.

$$
\begin{aligned}
& S_{ABFE}+S_{CDHG} \\
= & S_{ABF'E'}-S_{\triangle AEE'}+S_{\triangle EF'F}+S_{\triangle F'BF}+ \\
& S_{CDH'G'}-S_{\triangle CG'C}+S_{\triangle GH'H}+S_{\triangle H'DH}
\end{aligned}
$$

$$=\frac{1}{2}(a^2-c^2)+2\times\frac{1}{4}(c^2-b^2)+$$

$$(S_{\triangle F'BF}+S_{\triangle H'DH})-(S_{\triangle AEE'}+S_{\triangle CG'C})$$

$$=\frac{1}{2}(a^2-b^2)+\frac{1}{2}\times FF'\times(a-b)-\frac{1}{2}\times EE'\times(a-b)$$

$$=\frac{1}{2}(a^2-b^2)$$

**解法二**（基本上是林枫的想法）

设点 $O$ 为正方形 $EFGH$ 的中心，绕点 $O$ 旋转正方形 $EFGH$，使它成为边与正方形 $ABCD$ 平行的正方形 $E'F'G'H'$（图 3），易知

$$S_{ABF'E'}+S_{CDH'G'}=\frac{1}{2}(a^2-b^2) \tag{1}$$

于是只需证明

$$S_{ABFE}+S_{CDHG}=S_{ABF'E'}+S_{CDH'G'} \tag{2}$$

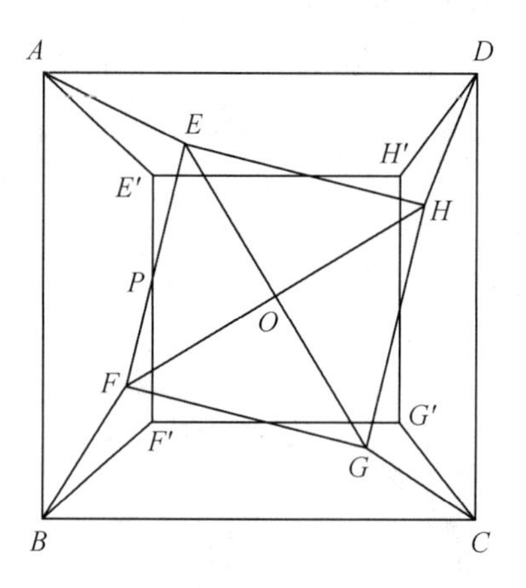


图 3

绕点 $O$ 旋转 $90°$，则点 $E$ 变为点 $F$，点 $F$ 变为点 $G$，点 $G$ 变为点 $H$，点 $H$ 变为点 $E$，点 $E'$ 变为点 $F'$，点 $F'$ 变为点 $G'$，点 $G'$ 变为点 $H'$，点 $H'$ 变为点 $E'$. 所以 $EE'=FF'=GG'=HH'$，并且 $EE'\perp FF'$，$EE'\parallel GG'$，$FF'\parallel HH'$.

设 $EE'$ 与 $FF'$ 相交于点 $P$. 因为 $EE'=FF'$，四边形 $EE'FF'$ 是等腰梯形，所以 $S_{\triangle EE'P}=S_{\triangle FF'P}$. 从而

$$S_{ABFE}-S_{ABF'E'}=S_{\triangle AEE'}-S_{\triangle BF'F}$$

同理

$$S_{CDHG}-S_{CDH'G'}=S_{\triangle CG'G}-S_{\triangle DH'H}$$

于是要证明式(2)，只需证明

$$S_{\triangle AEE'}+S_{\triangle CG'G}=S_{\triangle BF'F}+S_{\triangle DH'H} \tag{3}$$

因为点 $A$ 到 $EE'$ 的距离与点 $C$ 到 $GG'$ 的距离之和就是 $AC$ 在直线 $FF'$ 上的射影与直径 $EG$ 在 $FF'$ 上的射影之差，点 $B$ 到 $FF'$ 的距离与点 $D$ 到 $HH'$ 的距离之和就是 $BD$ 在直线 $EE'$ 上的射影与直径 $FH$ 在 $EE'$ 上的射影之差. 因为

$$AC \perp BD, EE' \perp FF', AC = BD, EE' = FF', EG \perp FH$$

所以相应的射影相等.

点 $A$ 到 $EE'$ 的距离与点 $C$ 到 $GG'$ 的距离之和与点 $B$ 到 $FF'$ 的距离与点 $D$ 到 $HH'$ 的距离之和相等，从而(2)(3) 成立，结论成立.

解法二较解法一麻烦，所以解法一是本题的正解，但学生能积极思考问题，值得鼓励，他其实提出了一个新问题，即在作了有关定义后，求证(3) 成立. 这也是一个有趣的问题，难度虽然不大，却也并非显然.

提倡积极思维. 但就解决本题而言，解法二有点离题. 在需要尽快解决问题时(如在竞赛中)，不宜采用离题过远的方法，即需要将我们的思维限制在一定的范围内，不能信马由缰，这也是需要注意的.

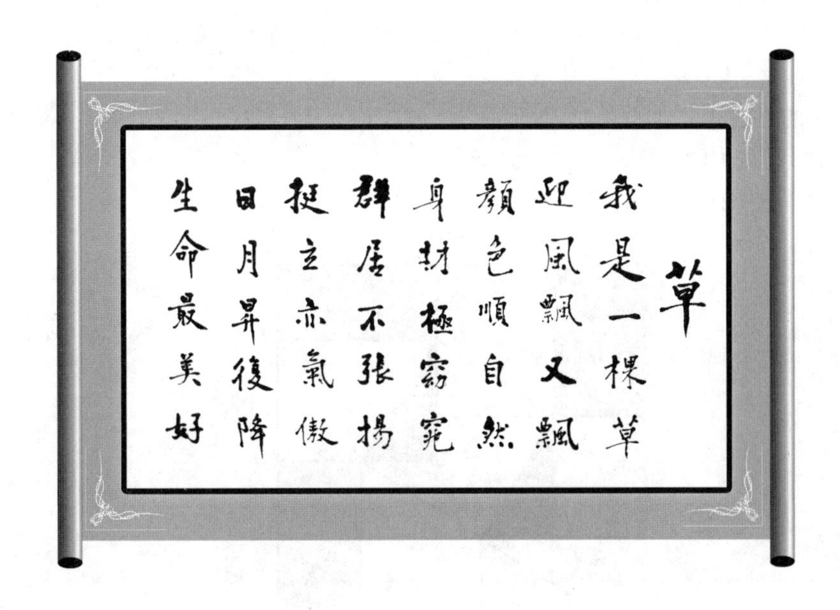

# 55. 更简单的解法

“小鸟依人”给出一个更简单的证法，几乎不需要计算. 如图 1，证明

$$S_{ABFE}+S_{CDHG}=S_{DAEH}+S_{BCGF} \quad (1)$$

(1) 的左、右两边分别去掉蓝、黄、橙、绿的三角形各一个，变成

$$S_{梯形EE_1F_1F}+S_{梯形GG_1H_1H}=S_{梯形E_2EHH_2}+S_{梯形FF_2G_2G} \quad (2)$$

考虑到两个黑三角形全等，(2) 的左边就是 $S_{矩形EE_1F_1P}+S_{矩形QG_1H_1H}$（另两个梯形可做类似的处理）.

如果绕正方形 $EFGH$ 的中心 $O$ 顺时针旋转 $90°$，那么边 $FE$ 变为边 $EH$，而直线 $AB$ 变为与 $AD$ 平行的直线，从而 $FE$ 在 $AB$ 上的射影 $F_1E_1$ 与 $EH$ 在 $AD$ 上的射影 $E_2H_2$ 相等.

同样

$$E_2H_2=H_1G_1=G_2F_2=h$$

于是

$S_{EE_1F_1F}+S_{GG_1H_1H}$

$=$长、宽分别为 $a$，$h$ 的矩形去掉边长为 $h$ 的正方形后的面积

$=ah-h^2$

(2) 的右边也是如此.

因此(1)(2) 均成立.

似乎只要知道图形的剪拼就可解决问题.

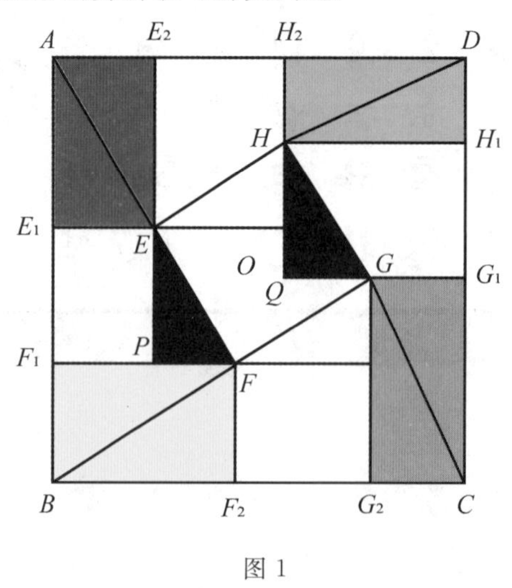


图 1

前面两种解法均是将一般情况中的 $S_{ABFE}+S_{CDHG}$ 与特殊情况的相应和作比较,而这种解法是直接考虑一般情况,将 $S_{ABFE}+S_{CDHG}$ 与 $S_{DAEH}+S_{BCGF}$ 比较.相比之下,前两种解法有失之过深的毛病.

因此,在制定解题计划(方案)时,应尽量多考虑几种解法,不要一有解法就贸然去做.宁愿慢一些,想一想有无更好的方案,本题就是一个很好的例子.

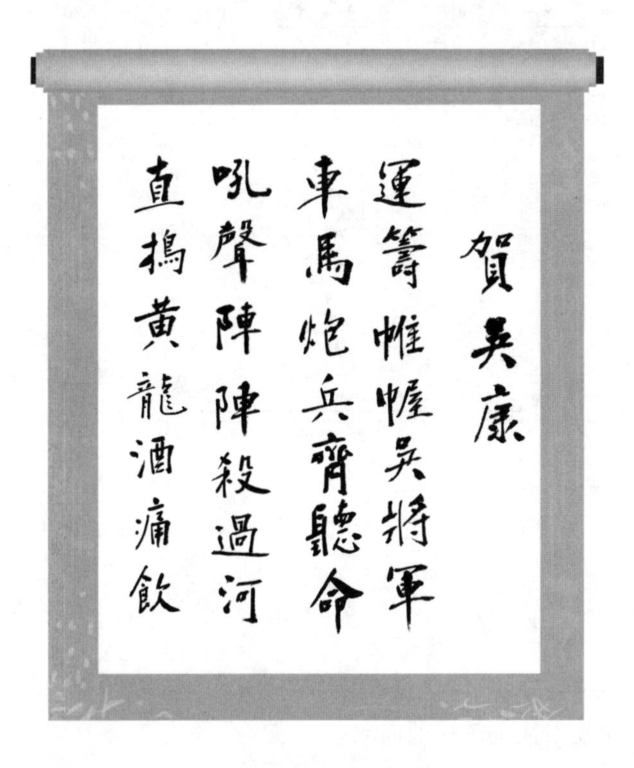

# 56. 几何背景，代数推广

看到一道有趣的题：

如图 1，已知 $\triangle ABC$ 的三边为 $a,b,c$，正数 $x,y,z$，满足

$$\begin{cases}4x^2+a^2=2(b^2+c^2)\\4y^2+b^2=2(c^2+a^2)\\4z^2+c^2=2(a^2+b^2)\end{cases}\tag{1}$$

求

$$\frac{(x+y+z)(y+z-x)(z+x-y)(x+y-z)}{(a+b+c)(b+c-a)(c+a-b)(a+b-c)}\tag{2}$$

的值.

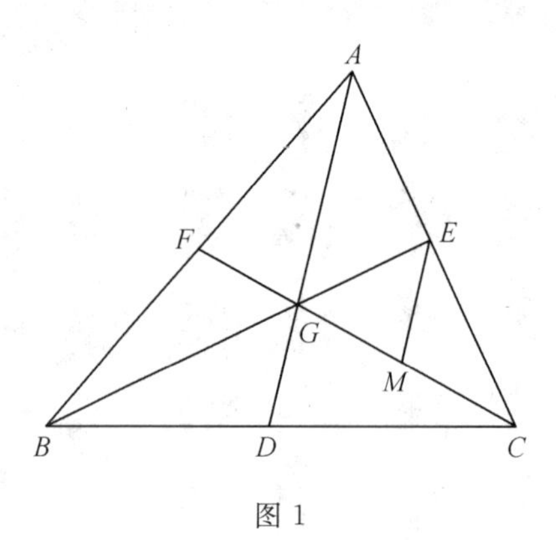


图 1

熟悉几何的人见到(1) 就知道这是中线公式，$x,y,z$ 分别为中线 $AD,BE,CF$ 的长.

而 $(a+b+c)(b+c-a)(c+a-b)(a+b-c)=16\Delta^2$，其中 $\Delta$ 为 $\triangle ABC$ 的面积.

$$(x+y+z)(y+z-x)(z+x-y)(x+y-z)=16\Delta_1$$

其中 $\Delta_1$ 为三条中线所成三角形的面积.

设点 $G$ 为 $\triangle ABC$ 的重心，取 $CG$ 中点 $M$，则

$$EM \underset{=}{\mathbin{/\!/}} \frac{1}{2}AG=\frac{1}{3}AD$$

$$GE=\frac{1}{3}BE, GM=\frac{1}{2}CG=\frac{1}{3}CF$$

所以 $S_{\triangle GME}=\frac{1}{9}\Delta_1$.

又显然

$$S_{\triangle GME}=\frac{1}{2}S_{\triangle CME}=\frac{1}{12}\Delta$$

所以

$$\frac{\Delta_1}{\Delta}=\frac{9}{12}=\frac{3}{4}$$

即

$$(2)=\frac{16\Delta_1^2}{16\Delta^2}=\frac{9}{16}$$

本题可推广为“正数 $x,y,z$ 满足(1),求(2) 的值”,即不再要求 $a,b,c$ 构成三角形.

这时不能利用上述几何背景,只能直接计算(当然结果应为$\frac{9}{16}$,或$\frac{9}{16}$ 是结果之一).

计算也不难.

$$\begin{aligned}
&16(x+y+z)(y+z-x)(z+x-y)(x+y-z)\\
&=16(-\sum x^4+2\sum y^2z^2)\\
&=-8\sum(x^2-y^2)^2+16\sum y^2z^2\\
&=-\frac{1}{2}\sum(4x^2-4y^2)^2+\sum(4y^2)(4z^2)\\
&=-\frac{1}{2}\sum(3b^2-3c^2)^2+\sum(2c^2+2a^2-b^2)(2a^2+2b^2-c^2)\\
&=-9\sum a^4+9\sum b^2c^2+\sum(4a^4-2b^4-2c^4+2a^2b^2+2a^2c^2+5b^2c^2)\\
&=-9\sum a^4+9\sum b^2c^2+9\sum b^2c^2\\
&=9(-\sum a^4+2\sum b^2c^2)\\
&=9(a+b+c)(b+c-a)(c+a-b)(a+b-c)
\end{aligned}$$

即式(2) 的值为$\frac{9}{16}$.

**注** 熟知 Heron 公式,面积为

$$\Delta=\sqrt{s(s-a)(s-b)(s-c)}$$

中国的秦九韶也得出了这个公式,但他写成没有根号的形式,用今天的表达来写,可以写成

$$16\Delta^2=-\sum a^4+2\sum b^2c^2$$

$$(-\sum a^4+2\sum b^2c^2=(a+b+c)(b+c-a)(c+a-b)(a+b-c))$$

亦可作为一个因式分解的题目给高中同学做.

在边长为二次根式时,用这个公式计算面积更方便.

# 57. 少几步

如图1,设在$\triangle ABC$中,点$I$为内心,$R$,$r$分别为外接圆、内切圆半径.求证:$IA \times IB \times IC = 4Rr^2$.

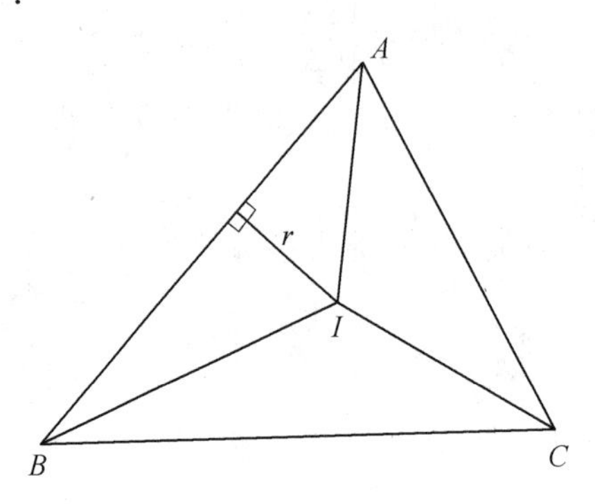


图1

看到几个证明,觉得可省去几步,变得简单一些.

首先,$IA = \dfrac{r}{\sin \dfrac{A}{2}}$,$IB = \dfrac{r}{\sin \dfrac{B}{2}}$,这里$A$,$B$,$C$表示$\angle BAC$,$\angle ABC$,$\angle ACB$,

所以

$$IA \times IB \times IC = \frac{r^2 \times IC}{\sin \dfrac{B}{2} \cdot \sin \dfrac{A}{2}}$$

$$= \frac{r^2 \times AC}{\sin \dfrac{B}{2} \sin \angle AIC} = \frac{2Rr^2 \sin B}{\sin \dfrac{B}{2} \sin\left(90^\circ + \dfrac{B}{2}\right)}$$

$$= \frac{2Rr^2 \sin B}{\sin \dfrac{B}{2} \cos \dfrac{B}{2}} = 4Rr^2$$

天下武功,唯快不破.要快,就得去掉多余的步骤,少一步,再少一步,少至不能再少.

# 58. 讨论一道极值问题

**师**:今天讨论一道极值问题.

$a,b$ 为实数,并且

$$a^2-b^2+2b+3=0 \tag{1}$$

求 $a^2+b^2$ 的最小值.

**甲**:这道题我会做,先由(1) 得

$$a^2=b^2-2b-3$$

代入 $a^2+b^2$ 中,消去 $a$ 得

$$a^2+b^2=2b^2-2b-3$$

再配方

$$2b^2-2b-3=2(b^2-b)-3$$
$$=2(b-\frac{1}{2})^2-\frac{7}{2}$$

**乙**:配方时,也可提出$\frac{1}{2}$,或者先乘以 2,即

$$2(2b^2-2b-3)=4b^2-4b-6$$
$$=(2b-1)^2-7$$

这样可以避免较多的分数运算.

**甲**:在 $b=\frac{1}{2}$ 时,得最小值为 $-\frac{7}{2}$.

**乙**:不对吧,$a^2+b^2$ 总是非负的,怎么能等于 $-\frac{7}{2}$?

**甲**:哪里错了?

**师**:(1) 对 $b$ 的取值有限制.

**乙**:$b^2-2b-3=a^2\geqslant 0$,即

$$(b+1)(b-3)\geqslant 0$$

所以 $b\leqslant -1$ 或 $b\geqslant 3$.

**甲**:哦,那么 $b\leqslant -1$ 时

$$(2b-1)^2-7\geqslant (2\times(-1)-1)^2-7=2$$

$b\geqslant 3$ 时

$$(2b-1)^2-7\geqslant (2\times 3-1)^2-7=18$$

所以 $b=-1$ 时,$a^2+b^2$ 取最小值 $1(=2\div 2)$.

**师**:其实配方也是多余的.

乙:该怎么做?

**师**:由(1) 得出 $b\leqslant -1$ 或 $b\geqslant 3$,而后

$$a^2+b^2\geqslant b^2\geqslant \min\{(-1)^2,3^2\}=1$$

**甲**:原来如此.那么题目改成“已知 $2\ 019a^2-b^2+2b+3=0$,求 $a^2+b^2$ 的最小值”,也可以这样做,而且最小值仍然是 1.

乙:如果配方,太繁了!

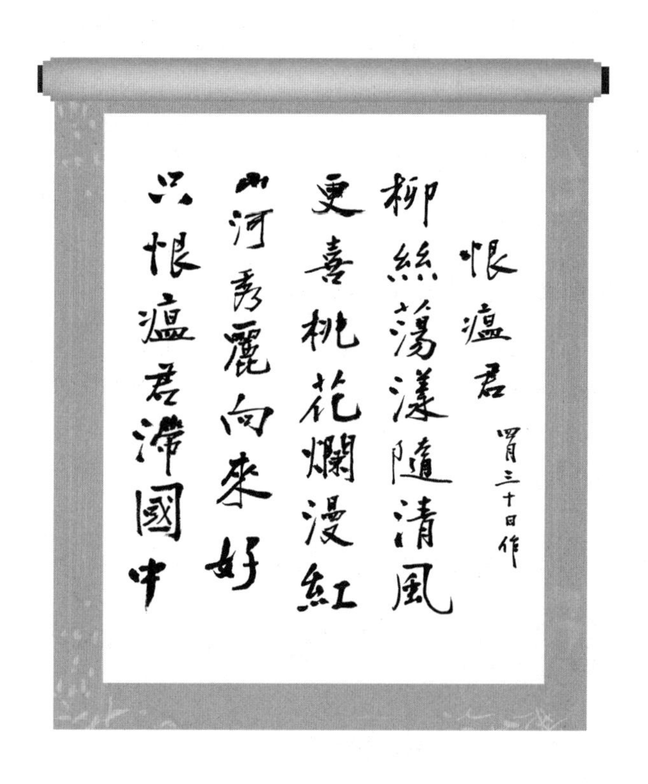

# 59. 弯弯绕

看到一道题.

已知 $x, y$ 为实数, $x^2+xy+y^2=3$. 求 $(x-y)^2$ 的最大值.

看到的解法如下：

用换元法，设 $t=x-y$，则 $x=t+y$，代入已知条件中

$$(t+y)^2+(t+y)y+y^2=3$$

整理得

$$3y^2+3ty+t^2-3=0$$

应有

$$\Delta=(3t)^2-4\times 3\times(t^2-3)\geqslant 0$$

即

$$t^2\leqslant 12$$

$$-2\sqrt{3}\leqslant t\leqslant 2\sqrt{3}$$

所以 $(x-y)^2(=t^2)$ 最大值为 12.

解法没有大问题(最后应说明 $x, y$ 为什么值时，$(x-y)^2$ 取得最大值). 但似乎绕了一个圈子，用换元法，用二次方程的判别式，有必要吗？

我怎么做？

我想应将 $(x-y)^2=x^2-2xy+y^2$ 与已知条件 $x^2+xy+y^2=3$ 比较一下，看出 $x, y$ 应当异号，否则 $(x-y)^2\leqslant 3$.

如果 $x, y$ 异号，那么

$$(x-y)^2=3-3xy$$

只需看 $-3xy$ 最大多大？也就是 $-xy$ 最大多大？

我们有

$$3=x^2+xy+y^2\geqslant -2xy+xy=-xy$$

所以

$$(x-y)^2\leqslant 3+3\times 3=12$$

在 $x=-y$ 时，也就是 $x=\sqrt{3}, y=-\sqrt{3}$ 或 $x=-\sqrt{3}, y=\sqrt{3}$ 时，$(x-y)^2$ 取得最大值 12.

$2|xy|$ 不大于 $x^2+y^2$. 这是一个常用的结论，也是在考虑二次式时，起码的大小感觉.

学数学，要感觉，不要弯弯绕.

# 60. 怎样简单

已知 $m^3+n^3=54$. 求 $m+n$ 的最大值.

这道题是一道日本赛题. 不难,但做得简单的却不多.

最好先猜一猜,最大值通常在 $m=n$ 时达到. 如果 $m=n$,那么由原方程得

$$m=n=3, m+n=6$$

这 6 就是最大值.

怎么证明呢?

因为

$$54=m^3+n^3=(m+n)(m^2-mn+n^2)$$

如果 $m+n=6$,那么

$$m^2-mn+n^2=9=\left(\frac{m+n}{2}\right)^2$$

所以,我们往证

$$m^2-mn+n^2 \geqslant \left(\frac{m+n}{2}\right)^2 \tag{1}$$

(1) 即

$$3(m-n)^2 \geqslant 0 \tag{2}$$

所以(1) 成立,从而

$$54=(m+n)(m^2-mn+n^2) \geqslant \frac{1}{4}(m+n)^3$$

$$m+n \leqslant \sqrt[3]{4 \times 54}=6$$

当且仅当 $m=n=3$ 时等号成立,即 $m+n$ 的最大值为 6.

本题很多人用二次方程的判别式等方法做.

爱用熟知的套路,束缚了创造性,这是不好的. 数学中最可贵的就是创造性,应当自出机杼,不要人云亦云,依样葫芦.

再一点,就是品味也很重要,一个很繁琐的、缺乏美感(例如 $m$,$n$ 的对称性)的解法,不是好解法,打心里就不喜欢,应当寻求一个简单的、清晰的、有美感的解法.

最简单的办法或许是用幂平均不等式

$$\frac{x^3+y^3}{2} \geqslant \left(\frac{x+y}{2}\right)^3 \tag{3}$$

(3) 与(1) 等价,不过,我们希望用到尽量少的知识.

# 61. 别生搬硬套(一)

当下数学教育几乎每年都出些新的花样，但最重要的一个问题，即教师的数学素质，特别是解题能力，却不大有人提及. 其实这个问题很严重，很多教师不会解题，不知道什么是好的解法. 甚至一些解题“高手”“名师”也常常生搬硬套，将不好的解法介绍给学生，这里举一个例子：

$m$ 为非负整数，二次函数 $y=x^2-(2m+2)x+(m^2+4m-3)$ 的图像交 $x$ 轴于 $A,B$ 两点，点 $A$ 在原点左侧，点 $B$ 在原点右侧，求这个函数的解析式.

某书原解法：

抛物线 $y=x^2-(2m+2)x+(m^2+4m-3)$ 与 $x$ 轴有两个不同的交点，所以方程

$$x^2-(2m+2)x+(m^2+4m-3)=0$$

有两个不等的实根.

因为

$$\begin{aligned}\Delta&=(-(2m+2))^2-4(m^2+4m-3)\\&=4m^2+8m+4-4m^2-16m+12=-8m+16\end{aligned}$$

所以 $-8m+16>0$，得 $m<2$.

又 $m\geqslant 0$ 且 $m$ 为整数，所以 $m=0$ 或 $m=1$. 但当 $m=1$ 时，抛物线 $y=x^2-4x+2$ 与 $x$ 轴的两交点都位于原点的同侧($x_1x_2>0$)，与题设 $A,B$ 分别位于原点的两侧不符，故舍去 $m=1$. 所以 $m=0$ 为所求，即二次函数解析式为

$$y=x^2-2x-3$$

这个解法不甚高明，没有抓住主要的条件：$A,B$ 分别位于原点两侧，而是套用判别式为正.

事实上，由已知，$x^2-(2m+2)x+(m^2+4m-3)=0$ 的两根异号，所以

$$m^2+4m-3<0 \tag{1}$$

但 $m$ 是非负整数，在 $m\neq 0$ 时

$$m^2+4m-3\geqslant 1^2+4\times 1-3>0$$

与式(1)不符，所以必须 $m=0$，函数解析式为

$$y=x^2-2x-3$$

(这时函数图像与 $x$ 轴的交点为$(-1,0)$，$(3,0)$.)

简单多了！

# 62. 别生搬硬套(二)

解法需要讨论,找出好的解法.

再举一个例子(续昨天的题).

二次函数 $y=x^2-2x-3$ 的图像交 $x$ 轴于 $A$,$B$ 两点,点 $A$ 在点 $B$ 的左侧.一次函数 $y=kx+b$ 的图像经过点 $A$,与上述二次函数的图像又交于点 $C$,并且 $S_{\triangle ABC}=10$.求这个一次函数的解析式.

原解法:

点 $A$,$B$ 分别为 $(-1,0)$,$(3,0)$.

因为直线 $y=kx+b$ 过 $A(-1,0)$,所以 $0=-k+b$,即 $k=b$.

因为直线 $y=kx+b$ 与抛物线 $y=x^2-2x-3$ 交于点 $C$,由

$$\begin{cases}y=kx+k\\y=x^2-2x-3\end{cases}\tag{1}$$

解得 $C$ 的坐标为 $(k+3,k^2+4k)$,所以

$$S_{\triangle ABC}=\frac{1}{2}\mid AB\mid\cdot\mid k^2+4k\mid=2\mid k^2+4k\mid=10$$

解得

$$k^2+4k=5\text{ 或 }-5$$

由 $k^2+4k=5$ 得 $k=1$ 或 $k=-5$,而 $k^2+4k=-5$ 无实数解,所以所求一次函数的解析式为

$$y=x+1\text{ 或 }y=-5x-5$$

这解法的缺点在先由方程组(1)求出点 $C$ 的坐标,再利用 $S_{\triangle ABC}=10$.其实应先由

$$S_{\triangle ABC}=10=\frac{1}{2}\times 4\times(C\text{ 到 }x\text{ 轴的距离})$$

得出点 $C$ 到 $x$ 轴的距离为 5,所以 $C$ 的纵坐标为 5 或 $-5$.

由 $x^2-2x-3=5$ 得 $x=4$ 或 $-2$,即点 $C$ 为 $(4,5)$ 或.$(-2,5)$.再代入 $y=kx+k$ 得出 $k=1$ 或 $-5$.

而 $x^2-2x-3=-5$ 无实数解.

因此一次函数的表达式为 $y=x+1$ 或 $y=-5x-5$.

两相对照,解法的繁简显然可见.

# 63. 估计

估计,十分重要.

下面的这道中考题,如果不善于估计,将会做得很繁.

**例**　$a$ 为正整数,二次函数 $y=2x^2+(2a+23)x+10-7a$ 与反比例函数 $y=\dfrac{11-3a}{x}$ 的图像有公共点,而且是整点.求 $a$ 的值及公共整点的坐标.

**解**　设 $(x,y)$ 为公共整点,则

$$xy=11-3a$$

仅在 $a=1,2,3$ 时为正,并且这时

$$|xy|\leqslant 11-3=8$$

$a=1$ 时

$$\begin{aligned}|y|&=|2x^2+25x+3|\\&\geqslant 25-2-3>8\end{aligned}$$

$a=2$ 时

$$\begin{aligned}|y|&=|2x^2+27x-4|\\&\geqslant 27-2\times 5-4>8\end{aligned}$$

$a=3$ 时

$$\begin{aligned}|y|&=|2x^2+29x-11|\\&\geqslant 29-2-11>8\end{aligned}$$

所以 $a\geqslant 4$,$xy=11-3a<0$,$x$,$y$ 一正一负.

由二次函数的表达式得

$$(7-2x)a=2x^2+23x+10-y \tag{1}$$

如果 $x$ 为正 $y$ 为负,那么(1)的右边为正,所以左边也为正,从而 $x=1,2,3$.

因为 $xy=11-3a$ 不是3的倍数,所以 $x\neq 3$.

当 $x=1$ 时,(1)即 $5a=35-y$,又 $y=11-3a$,解得 $a=12$,$y=-25$.

当 $x=2$ 时,(1)即 $3a=64-y$,又 $2y=11-3a$,解得 $a=39$,$y=-53$.

如果 $x$ 为负 $y$ 为正,令 $u=-x$,则 $u$ 为正.

$$uy=3a-11,(2u+7)a=2u^2-23u+10-y$$

当 $y\geqslant 3$ 时,$u\leqslant\dfrac{3a-11}{y}<a$.

$$\begin{aligned}&(2u+7)a-(2u^2-23u+10-y)\\&>2u(a-u)+23-10>0\end{aligned}$$

因此，$y=1,2$.

当 $y=1$ 时，$3a=11+u$，

$$\begin{aligned}0&=3(2u^2-23u+9)-(2u+7)(u+11)\\&=2(u-25)(2u+1)\end{aligned}$$

所以 $u=25$（只取正值），$x=-25$，$a=12$.

当 $y=2$ 时，$3a=11+2u$，有

$$\begin{aligned}0&=3(2u^2-23u+8)-(2u+7)(2u+11)\\&=2u^2-105u-53=(u-53)(2u+1)\end{aligned}$$

所以 $u=53$（只取正值），$x=-53$，$a=39$.

于是 $a=12$ 或 $39$，$a=12$ 时，公共整点为 $(1,-25)$，$(-25,1)$. $a=39$ 时，公共整点为 $(2,-53)$，$(-53,2)$.

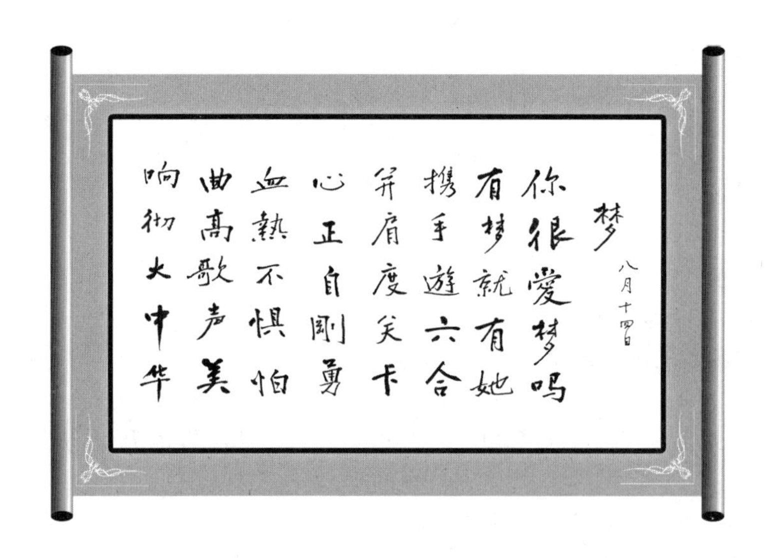

# 64. 超纲的题，怎么办？

看到一道据说是某杯赛的题.

已知 $x^2+9x+81=0$. 求 $x^3$ 的值.

这题显然超纲了，初一不解二次方程，而学过二次方程的初中生知道判别式

$$\Delta=9^2-4\times81<0$$

方程没有实数根，其实由

$$x^2+9x+81=(x+\frac{9}{2})^2+81-\frac{81}{4}\geqslant81\times\frac{3}{4}>0$$

未学二次方程的学生也可以说这样的 $x$ 不存在，甚至说题目错了，或者说题目超纲，涉及虚数了.

超纲的题，一定不能出吗？

也未必，其实题可稍加工一下，改为：假设有一个数 $x$，满足 $x^2+9x+81=0$，那么 $x^3$ 应当是多少？

还可以再另做些铺垫.

"我们知道 $4-6=-2$. 如果未学过负数，那么可出一题：假设有一个数 $x$，$x=4-6$，那么 $2+x=$? $3+x=$? "

或者，"对学过无理数的同学，知道 $(\sqrt{2})^2=2$. 如未学过，假设有一个数 $x$，满足 $x^2=2$. 那么 $x^4=$? "

有这样的铺垫，学生就明白数的概念在扩张，就好像在地球上不能做的事（如跳 3 米高），到月球上就有可能. 从而这题虽"超纲"，却可以出.

怎么做呢？

看到一位网师这样做：

因为

$$x^2=-9x-81$$

所以

$$\begin{aligned}x^3&=x^2\cdot x=(-9x-81)x\\&=-9x^2-81x=-9(-9x-81)-81x\\&=9\cdot81=729\end{aligned}$$

其实也可以这样做：

由立方差公式

$$x^3-9^3=(x-9)(x^2+9x+81)=0$$

所以

$$x^3=9^3=729$$

# 65. 一场争议

某年某省出了一道初中竞赛题：

已知 $x^2+6x+36=0$. 求 $x^3$.

考后大哗，一种意见认为这个二次方程的判别式

$$6^2-4\times36<0$$

所以方程没有实数解，超出初中数学范围，不应当出这种题.

另一种意见(命题者)认为二次方程虽然没有实数解，却有虚数解. 本题并不要求解这个方程，而是在已知

$$x^2+6x+36=0$$

时，求 $x^3$. 利用这个已知条件可得

$$x^2=-6x-36$$

从而

$$\begin{aligned}x^3=x\cdot x^2&=x(-6x-36)\\&=-6x^2-36x\\&=-6(-6x-36)-36x\\&=216\end{aligned}$$

两种意见谁是谁非，确实难下结论.

能否出一个有实数根的二次方程

$$x^2+bx+c=0 \tag{1}$$

而又可以用命题者的方法求出 $x^3$ 呢？

有没有？

当然有的，$x^2=0$ 就是一个，$x^3=x\cdot x^2=0$.

这也 too trivial 了(有人说，too young, too simple).

再举一个？还真举不出来了，因为由方程(1) 有

$$\begin{aligned}x^3=x\cdot x^2&=x(-bx-c)\\&=-bx^2-cx\\&=b(bx+c)-cx\\&=(b^2-c)x+bc\end{aligned}$$

要用上面的方法确定 $x^3$，必须 $b^2=c$，但 $b^2\geqslant4c$，所以必有 $b=c=0$. 式(1) 成为 $x^2=0$.

换一个角度说，二次方程(1) 如果没有重根，那么它的根 $x_1\neq x_2$. 这时 $x_1^3$ 与 $x_2^3$ 能相等吗？

可以设 $x_2 \neq 0$，如果 $x_1^3 = x_2^3$，那么 $\left(\frac{x_1}{x_2}\right)^3 = 1$. 但 1 的立方根中只有 1 不是虚根，所以在 $x_1 \neq x_2$ 时，$x_1^3$ 与 $x_2^3$ 不会相等(除非不限定在实数范围). $x^3$ 不能唯一确定，因而不解方程是无法确定 $x^3$ 的.

有重根的二次方程，根为 $x = -\frac{b}{2}$，$x^3$ 可唯一确定，但也是解出根后，定出 $x^3 = \left(-\frac{b}{2}\right)^3 = -\frac{b^3}{8}$. 不能用上面命题者的方法定出，除非 $b=0$，$c=0$(平凡情形).

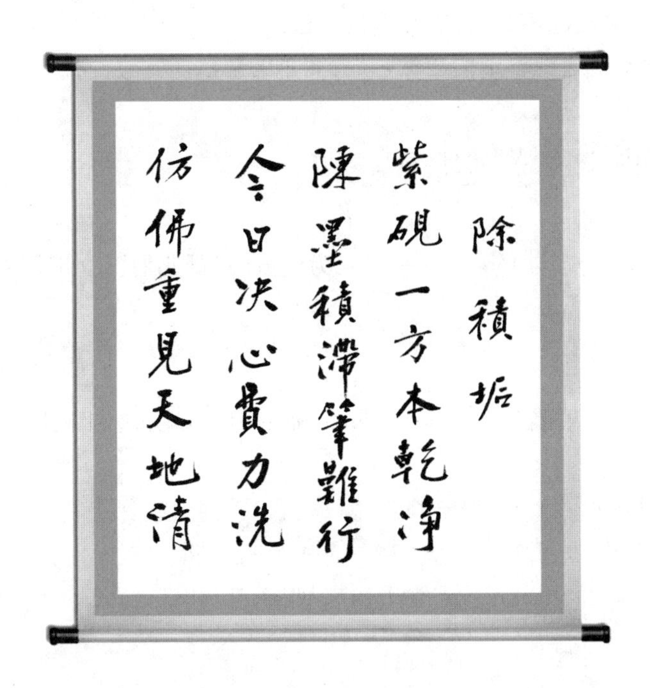

## 66. 少做难题

有人题做不出,问我.

我更做不出.

廉颇老矣!

我已无兴趣去做难题,那种题不适合中国老人养生.

题做不出,别来问我.

通常我只做不难的题(偶尔有兴趣做一两道稍难的题).

我认为对绝大多数师生,也不要做太多太难的题(有志数学竞赛的除外).

做难题,当然有好处,但也有很多副作用.副作用之一就是误以为每道题都是难题.其实大多数题不难,常有简单的办法.

我现在就爱找这种不难的题做,寻找简单的解法.

举一个例子.

**例** 设 $0 < x < \frac{\pi}{2}$.证明

$$\cot x\cos^2 x + \tan x\sin^2 x \geqslant 1 \tag{1}$$

**解** 看到 $\cot x$ 与 $\tan x$,这一对互为倒数的"哥儿们",立即想到(在 $0 < x < \frac{\pi}{2}$ 时)

$$\cot x + \tan x \geqslant 2 \tag{2}$$

(1) 的左边,如果能分出 $\cot x + \tan x$,而且其余部分之和不小于 $-1$,那么 (1) 就成立了.

于是,利用 $\cos^2 x + \sin^2 x = 1$,得

$$\begin{aligned}
(1)\text{ 的左边} &= \cot x(1-\sin^2 x) + \tan x(1-\cos^2 x) \\
&= \cot x - \cot x\sin^2 x + \tan x - \tan x\cos^2 x \\
&= \cot x + \tan x - 2\sin x\cos x \\
&\geqslant 2 - \sin 2x \\
&\geqslant 2 - 1 = 1
\end{aligned}$$

看到 $n$ 种解法,大多把这题当作难题,往难处想.其实式(2)是第一感觉.这种感觉引导你得出简单的解法.

# 67. 钓鱼

三十多年前，很喜欢解题，也很喜欢讲解题，现在老了，已很少做题，很少讲题.

每道题，自己做了一个解，但好不好呢？有没有其他解法？有没有更好的解？

为了解决这些问题，我采用“钓鱼”的方法.

每到一处，先将“鱼饵”抛下去，也就是将题目布置下去. 请听课者来解，只要时间足够，很多题都会有人提供解法，各种各样的解法.

这种做法的困难在于要及时地对各种解法进行评判. 好还是不好？好在哪里，不好在哪里？有的人做了一半，能否继续做下去？还是根本“此路不通”？

也有时，一道题无人能做. 那么我也有一个准备好的解法.

举一个去年的例子.

**例**　设 $a,b,c$ 为正实数，并且 $a+b+c=18$. 求证

$$\frac{a}{b^2+36}+\frac{b}{c^2+36}+\frac{c}{a^2+36}\geqslant\frac{1}{4} \tag{1}$$

果然有一个学生提供了一个好的解法：

(1) 即

$$\sum\frac{36a}{b^2+36}\geqslant 9 \tag{2}$$

用 18 分别减去两边，(2) 即

$$\begin{aligned}9\geqslant 18-\sum\frac{36a}{b^2+36}&=\sum\left(a-\frac{36a}{b^2+36}\right)\\&=\sum\frac{ab^2}{b^2+36}\end{aligned} \tag{3}$$

而

$$\begin{aligned}&\sum\frac{ab^2}{b^2+36}\leqslant\sum\frac{ab^2}{2\sqrt{36}\,b}=\sum\frac{ab}{12}\\&=\frac{1}{36}\sum 3ab\leqslant\frac{1}{36}(a+b+c)^2=9\end{aligned} \tag{4}$$

于是(1) 成立.

其中用 18 去减是关键的一步.

我的解法是先证一个引理

**引理**　$t>0$ 时，$\frac{1}{1+t^2}\geqslant 1-\frac{t}{2}$

**证明** $1-(1+t^2)(1-\frac{t}{2})$

$$=\frac{t}{2}(t-1)^2\geqslant 0$$

设 $a=6u,b=6v,c=6w$，则

$$u+v+w=3$$

由引理

$$\sum\frac{a}{b^2+36}=\frac{1}{6}\sum\frac{u}{1+v^2}\geqslant\frac{1}{6}\sum u(1-\frac{v}{2})$$

$$=\frac{1}{6}(\sum u-\frac{1}{2}\sum uv)$$

$$=\frac{1}{6}(3-\frac{1}{2}\times\frac{1}{3}\times 3^2)$$

$$=\frac{1}{4}$$

两种解法都还不错.

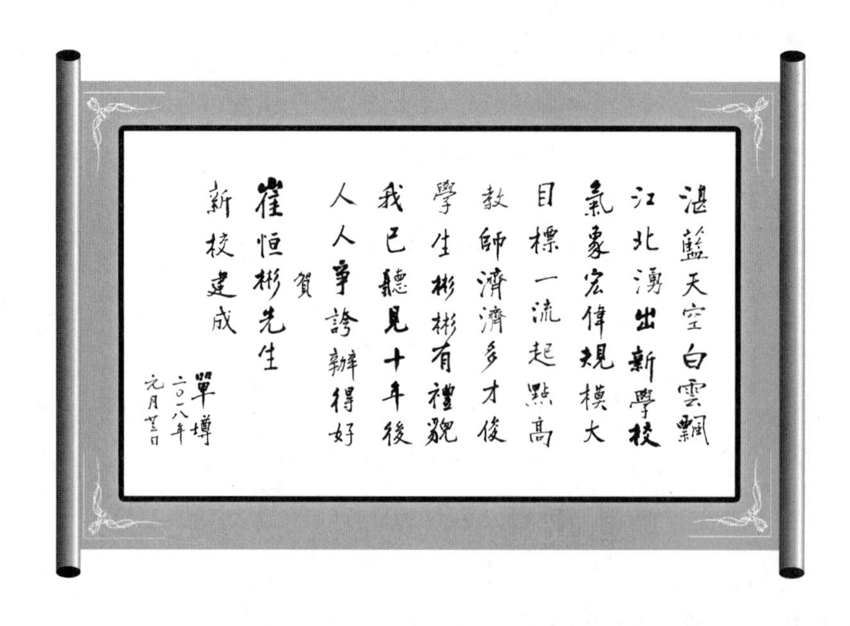

# 68. 总结,回顾

却顾所来径,苍苍横翠微.

一道题解完后,总结一下,回顾一下自己或他人的解法,对提高解题能力极为重要,请看下例.

**例** 已知 $u=\dfrac{x+\sqrt{3}y}{\sqrt{x^2+y^2}}$,$(x,y)$ 满足 $x^2+(2-y)^2\leqslant 1$. 求 $u$ 的取值范围.

**解** 问题就是比较 $x+\sqrt{3}y$ 与 $\sqrt{x^2+y^2}$ 的大小.

平方,可使问题简化(少了根号的麻烦).

但在平方之前,应注意量的正负,$\sqrt{x^2+y^2}$ 显然非负,$x+\sqrt{3}y$ 呢?

注意到

$$x^2+(2-y)^2\leqslant 1 \tag{1}$$

所以

$$(2-y)^2\leqslant 1$$

$y$ 必须为正,否则

$$(2-y)^2\geqslant 2^2>1$$

稍细一点,应有 $y\geqslant 1$,否则

$$(2-y)^2>(2-1)^2=1$$

$x$ 未必为正,但由(1) 显然有

$$x^2\leqslant 1 \tag{2}$$

所以

$$-1\leqslant x\leqslant 1 \tag{3}$$

从而

$$x+\sqrt{3}y\geqslant -1+\sqrt{3}>0 \tag{4}$$

所以 $x+\sqrt{3}y$ 为正,将它平方得

$$x^2+2\sqrt{3}xy+3y^2 \tag{5}$$

比较(5) 与

$$x^2+y^2 \tag{6}$$

(5)(6) 中,$x^2$ 系数相同都是 1,$y^2$ 系数不同.

可以猜想(第一个比 3 小的平方数是 1,第一个比 3 大的平方数是 4)

$$x^2+y^2\leqslant x^2+2\sqrt{3}xy+3y^2\leqslant 4(x^2+y^2) \tag{7}$$

即

$$1 \leqslant u \leqslant 2 \tag{8}$$

先看上界

$$\begin{aligned} & 4(x^2+y^2)-(x^2+2\sqrt{3}xy+3y^2) \\ = & 3x^2-2\sqrt{3}xy+y^2 \\ = & (\sqrt{3}x-y)^2 \geqslant 0 \end{aligned} \tag{9}$$

于是(7) 右边的不等式成立.

再看下界

$$\begin{aligned} & x^2+2\sqrt{3}xy+3y^2-(x^2+y^2) \\ = & 2y^2+2\sqrt{3}xy \\ = & 2y(y+\sqrt{3}x) \end{aligned} \tag{10}$$

遇到一点障碍,$y \geqslant 1 > 0$,但 $y+\sqrt{3}x$ 是否大于或等于 0 呢?

还需回到(1).

由(1),有

$$y \geqslant 2-\sqrt{1-x^2} \tag{11}$$

所以

$$\begin{aligned} & y+\sqrt{3}x \geqslant 2+\sqrt{3}x-\sqrt{1-x^2} \\ = & \frac{(2+\sqrt{3}x)^2-(1-x^2)}{2+\sqrt{3}x+\sqrt{1-x^2}} \\ = & \frac{(2x+\sqrt{3})^2}{2+\sqrt{3}x+\sqrt{1-x^2}} \\ \geqslant & 0 \quad (\text{由式(3),分母 } 2+\sqrt{3}x+\sqrt{1-x^2}>0) \end{aligned} \tag{12}$$

(将$(2+\sqrt{3}x)$,$\sqrt{1-x^2}$ 分别平方,再比较也是一样,我喜欢一个式子写到底,不分开写.)

于是(10) 非负,即(7)(8) 的下界成立.

上界、下界未必就是最大值、最小值.还应找出等号确实成立的情况.

下界简单,从推导看出 $x=-\frac{\sqrt{3}}{2}$,$y=-\sqrt{3}x=\frac{3}{2}$ 时,$u=1$,而$\left(-\frac{\sqrt{3}}{2},\frac{3}{2}\right)$也满足 $x^2+(2-y)^2=1$,所以 1 是 $u$ 的最小值.

(9) 的等号在 $y=\sqrt{3}x$ 时成立,将 $y=\sqrt{3}x$ 代入 $x^2+(2-y)^2=1$ 得 $x=\frac{\sqrt{3}}{2}$,$y=\frac{3}{2}$(只取正值),所以 2 是 $u$ 的最大值.

本题不难,解法也很多,但要说清楚,不可有漏洞(特别是要注意上界与最大值,下界与最小值的区别),作为教师,更应写详细些,让学生看懂.

有一种解法是引用三角，当然可以. 但我主张代数问题用代数方法，除非三角方法确有必要或十分巧妙.

本题的几何解释是对于圆 $x^2+(2-y)^2=1$ 中的点 $A(x,y)$，求 $u$ 的范围. 这圆圆心为(0,2)，半径为 1，所以自原点引出的直线 $OA$，斜率

$$k=\frac{y}{x}$$

在 $[-\infty,-\sqrt{3}]\cup[\sqrt{3},+\infty]$ 内（$y=\pm\sqrt{3}x$ 是两条切线），即

$$y\geqslant\sqrt{3}\,|\,x\,| \tag{13}$$

如果知道这个结论(及 $y\geqslant 1$)，那么(4) 已显然. (10) $\geqslant 0$ 也是显然的.

所以，如果知道几何解释，本题其实是显然的.

上面的解法，是不用这个几何解释(适用于初中) 的解法.

有人知道上述几何解释，但仍费了很多气力，也不要紧，总结时发现其实是显然的，就是一大进步.

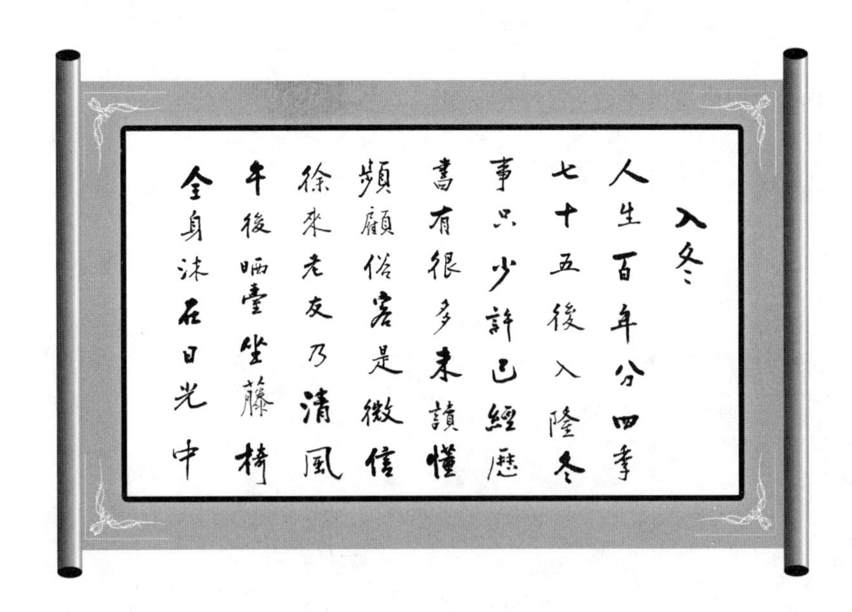

# 69. $2^{400}$ 的首位数字

这种题,用计算器立即得出:首位数字为 2,位数为 121.

不用计算器呢?

这有点强人所难了.

可能放到以前会做的人很多,是一道极普通的题.

现在会做的人少了许多,原因是教材发生变化.原先用对数计算的内容已经淘汰出局.

用对数做,即取对数

$$\begin{aligned}\lg 2^{400} &= 400\lg 2 = 400 \times 0.301\,0\cdots \\ &< 120.44\end{aligned}$$

所以 $2^{400}$ 的位数为 121(对数的首数 $120+1$),而

$$\lg 2 = 0.301\,0\cdots < 0.44 < 0.477\,1\cdots = \lg 3$$

所以 $2^{400}$ 的首位数字 $<3$ 且 $\geqslant 2$. 因此为 2.

以前的教材中常用到 $\lg 2 = 0.301\,0$, $\lg 3 = 0.477\,1$. 这两个数很多人都记得很牢,不用查表.

如果不允许用这两个数,那么要证明

$$2 \times 10^{120} < 2^{400} < 3 \times 10^{120} \tag{1}$$

左边可用

$$\begin{aligned}\frac{2^{400}}{10^{120}} &= 1.024^{40} > \left(1+\frac{1}{42}\right)^{40} \\ &> 1+\frac{40}{42}+\frac{40\times 39}{2}\times\left(\frac{1}{42}\right)^{2} > 2\end{aligned}$$

右边有点难,可用

$$\frac{2^{400}}{10^{120}} = 1.024^{40} < \left(1+\frac{1}{40}\right)^{40}$$

而熟知

$$\begin{aligned}\left(1+\frac{1}{n}\right)^{n} &= 1+1+\sum_{k=2}^{n}\frac{C_n^k}{n^k} \\ &= 1+1+\sum_{k=2}^{n}\frac{1}{k!}\times\frac{n(n-1)\cdots(n-k+1)}{n^k} \\ &< 1+1+\sum_{k=2}^{n}\frac{1}{k!} \\ &< 1+1+\sum_{k=1}^{n}\frac{1}{k(k+1)}\end{aligned}$$

$$=1+1+1-\frac{1}{n}<3$$

因此(1)成立.从而 $2^{400}$ 的首位数字为2.

**注** $\left(1+\frac{1}{n}\right)^n$ 随 $n$ 的增加而增加,最后的极限是

$$e=2.718\ 281\ 828\ 459\ 045\cdots \quad (<3)$$

# 70. 重理解，重领悟

当下中国教育似有重背诵、轻理解的倾向(语文最恐怖，要背很多诗文，数学也有人发明了许多“口诀”或“秘诀”，要学生记忆). 其实，现在的检索手段非常发达，除了外语，其他学科都应当减少背诵，重理解，重领悟.

彭翕成先生在《这就是清华学生的绝招？》中讨论了一道题(文字略作压缩)：

判断直线 $2x+3y+6=0$ 与椭圆 $\frac{x^2}{4}+\frac{y^2}{3}=1$ 是否相交？据说清华某优秀学生总结出的“独孤九剑第 9 招”的解法是

$$\begin{matrix} 4 & & 9 & & 36 \\ 4 & & 3 & & 1 \\ 16 & + & 27 & > & 36 \end{matrix}$$

所以直线与椭圆相交.

彭先生指出：这方法如果是一个中学生独立发现的，应当表扬，作为老师，不应当提倡这样的解法.

我很赞同他的观点，因为直接求直线与椭圆的交点并不复杂，当然，如果总结出直线

$$mx+ny=l \tag{1}$$

与椭圆

$$\frac{x^2}{a^2}+\frac{y^2}{b^2}=1 \tag{2}$$

相交、相切、相离的充分必要条件分别为

$$a^2m^2+b^2n^2>l^2$$

$$a^2m^2+b^2n^2=l^2$$

$$a^2m^2+b^2n^2<l^2$$

也很好，但没有必要记住这个结论(乘法公式，三角公式等应当记忆. 这种不是特别重要的结论写在一本笔记上，足矣，不必记).

倒是结论的推导，有些价值，彭先生文中已有，即联立方程(1)(2)，再用代入消元法化为一元二次方程. 有无实根可由判别式 $>$、$=$、$<0$ 即得.

作为教师可以做一做. 作为学生，熟悉字母系数的一般论证，也比具体数据的题要高一层次.

还可以有另一种推导法.

先考虑圆 $x^2+y^2=a^2$ 与(1) 有无交点. 显然先将(1) 化为法线式

$$\frac{mx+ny-l}{\sqrt{m^2+n^2}}=0$$

再由圆心到直线的距离 $\left|\frac{l}{\sqrt{m^2+n^2}}\right|<|a|$ 即知圆与直线相交，即 $a^2(m^2+n^2)>l^2$ 时，圆与直线相交.

作压缩变换 $Y=\frac{ay}{b}$，则椭圆 $\frac{x^2}{a^2}+\frac{y^2}{b^2}=1$ 变为圆 $x^2+Y^2=a^2$. 直线变为 $mx+\frac{bn}{a}Y=l$. 所以椭圆与直线相交即 $a^2(m^2+\frac{b^2n^2}{a^2})>l^2$，化简成 $a^2m^2+b^2n^2>l^2$.

## 71. 题目的分解

下面是第二届刘徽杯的第四题.

如图1,$\triangle ABC$ 与 $\triangle ABD$ 都是以 $AB$ 为斜边的直角三角形,点 $C$,$D$ 在 $AB$ 同侧,点 $P$ 是线段 $AB$ 上一点,且 $AP=AC$,$BP=BD$. 点 $X$,$Y$ 分别为 $\triangle PDA$,$\triangle PBC$ 的外心. 求证:$XY$ 平分线段 $CD$.

本题的点 $C$,$D$ 在以 $AB$ 为直径的半圆上,应指出点 $P$ 不是这半圆的圆心 $O$(否则 $XY$ 与 $CD$ 重合). 我们设 $AP>PB$.

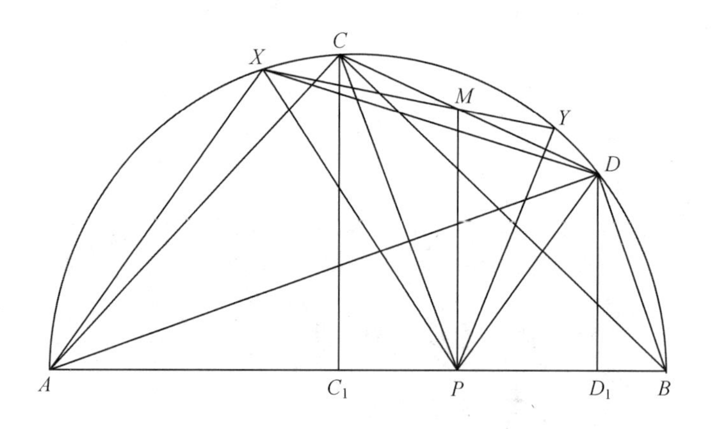


图 1

一个复杂的问题往往能分解成若干小问题,本题正是如此.

**命题 1** 点 $A$,点 $B$,点 $C$,点 $D$,点 $P$ 的意义同上. $PM\perp AB$,交 $CD$ 于点 $M$,则点 $M$ 为线段 $CD$ 的中点.

**证明** 设点 $C$,点 $D$ 在 $AB$ 上的射影分别为点 $C_1$,$D_1$,又设 $\angle ABC=\alpha$,$\angle DAB=\beta$,$AB=1$,则 $AC=\sin\alpha$,及

$$C_1P=AP-AC_1=AC-AC\sin\alpha=AC-AC^2$$

同样

$$PD_1=BD-BD^2$$

所以

$$C_1P-PD_1=(AC-BD)(1-AC-BD)=0$$

即点 $P$ 为 $C_1D_1$ 中点,所以点 $M$ 为 $CD$ 中点.

**命题 2** $\overset{\frown}{AD}$ 的中点 $X$ 是 $\triangle PDA$ 的外心,并且点 $X$ 在 $\overset{\frown}{AC}$ 上.

**证明** 显然 $XA=XD$,即点 $X$ 在线段 $AD$ 的中垂线上. $BX$ 平分 $\angle ABD$,所以 $BX$ 也是等腰三角形 $BPD$ 的底边 $PD$ 的中垂线. 从而点 $X$ 为 $\triangle ADP$ 的外

心.

设 $AB=1$,$\overset{\frown}{AC}$,$\overset{\frown}{BD}$,$\overset{\frown}{CD}$ 所对圆周角分别为 $\alpha$,$\beta$,$\gamma$,则

$$AC=\sin\alpha>BP=\sin\beta,\alpha>\beta$$

并且

$$\sin\alpha+\sin\beta=1,\alpha+\beta+\gamma=\frac{\pi}{2}$$

所以

$$\begin{aligned}\cos\gamma&=\sin(\alpha+\beta)=\sin\alpha\cos\beta+\sin\beta\cos\alpha\\&>\cos\alpha(\sin\alpha+\sin\beta)=\cos\alpha\end{aligned}$$

$$\gamma<\alpha,\frac{\alpha+\gamma}{2}<\alpha$$

即点 $X$ 在$\overset{\frown}{AC}$ 上.

同理,$\triangle PBC$ 的外心是$\overset{\frown}{BC}$ 的中点 $Y$,点 $Y$ 在$\overset{\frown}{CD}$ 上.

本题的图,两个外心似乎比较难作,由于命题 2,作 $X$,$Y$ 都变得容易了,如果图能顺利作出,那么问题的解决也就不远了.

联结 $XM$,$MY$,只需证 $\angle CMX=\angle DMY$.

**命题 3**　点 $X$,$C$,$M$,$P$ 四点共圆.

**证明**

$$\begin{aligned}\angle XCM&=\angle XCD=180^\circ-\angle XAD\\&=180^\circ-\frac{1}{2}(180^\circ-\angle AXD)\\&=180^\circ-\frac{1}{2}\angle ABD\end{aligned}$$

$$\angle AXP=2\angle ADP=180^\circ-2\angle PDB=\angle ABD$$

$$\angle XPM=90^\circ-\angle APX=\frac{1}{2}\angle AXP=\frac{1}{2}\angle ABD$$

所以点 $X$,$C$,$M$,$P$ 四点共圆.

同理 $Y$,$D$,$M$,$P$ 四点共圆.

**命题 4**　$\angle APX=\angle DPB$.

**证明**　上面已有 $\angle APX=90^\circ-\frac{1}{2}\beta$,而 $\angle DPB=90^\circ-\frac{1}{2}\beta$.

同理 $\angle APC=\angle YPB$.

上面的四个命题就是四个引理,现在问题已不难解决了.

$$\begin{aligned}\angle CMX&=\angle CPX=\angle APC-\angle APX\\&=\angle YPB-\angle DPB=\angle YPD=\angle DMY\end{aligned}$$

所以点 $X$,$M$,$Y$ 共线. $XY$ 与 $CD$ 相交于 $CD$ 的中点 $M$.

# 72. 一个三角不等式的证明

看到一个三角不等式：

在 $\triangle ABC$ 中，求证

$$\frac{\cos^2 A}{\sin A}+\frac{\cos^2 B}{\sin B}+\frac{\cos^2 C}{\sin C}\geqslant\frac{\sqrt{3}}{2} \tag{1}$$

这里给出一个证明.

由 O. Bottma 的《几何不等式》(单墫译. 北京大学出版社，1991 年出版) 的 2.1，$\triangle ABC$ 中

$$0<\sin\alpha+\sin\beta+\sin\gamma\leqslant\frac{3}{2}\sqrt{3} \tag{2}$$

及 Cauchy 不等式

$$\sum\frac{1}{\sin\alpha}\cdot\sum\sin\alpha\geqslant 9 \tag{3}$$

得

$$\sum\frac{1}{\sin\alpha}\geqslant 9\div\frac{3}{2}\sqrt{3}=2\sqrt{3} \tag{4}$$

因此

$$\begin{aligned}\sum\frac{\cos^2 A}{\sin A}&=\sum\frac{1}{\sin A}-\sum\sin A\\&\geqslant 2\sqrt{3}-\frac{3}{2}\sqrt{3}\\&=\frac{\sqrt{3}}{2}\end{aligned}$$

**注** (2) 的证明可见 O. Bottma 的书，亦可见拙著《几何不等式》(p. 72) 习题 6.15. 其实就是一句很简单的话：$y=\sin x$ 在区间 $[0,\pi]$ 上是凸的 ($y''=-\sin x<0$).

# 73. 大道至简

不等式,问题多,解法多.

有些解法,非常复杂,用了一些“技巧”,令人眼花缭乱,其实大多数不等式并不需用太多的技巧,只是作一些恒等变形,逐步化简而已.试举一例:

在 $\triangle ABC$ 中,$\angle A,\angle B,\angle C$ 所对边分别为 $a,b,c,r,R$ 分别为内切圆、外接圆半径,$\Delta$ 为面积,求证

$$a^2\tan\frac{A}{2}+b^2\tan\frac{B}{2}+c^2\tan\frac{C}{2}\geqslant\frac{2R\Delta}{r}\tag{1}$$

第一步是利用

$$\tan\frac{A}{2}=\frac{r}{s-a},\tan\frac{B}{2}=\frac{r}{s-b},\tan\frac{C}{2}=\frac{r}{s-c}\quad\left(s=\frac{1}{2}(a+b+c)\right)$$

将三角函数去掉,即(1) 等价于

$$r\sum\frac{a^2}{s-a}\geqslant\frac{2R\Delta}{r}\tag{2}$$

其中角已不再出现.

再利用

$$r=\frac{\Delta}{s},R=\frac{abc}{4\Delta},\Delta^2=s(s-a)(s-b)(s-c)$$

将 $r,R,\Delta$ 去掉,只留下基本的量,即边 $a,b,c$(及 $s=\frac{1}{2}(a+b+c)$).

多写几步吧,(2)$\Leftrightarrow$

$$\frac{\Delta^2}{s^2}\sum\frac{a^2}{s-a}\geqslant\frac{1}{2}abc\tag{3}$$

(3)$\Leftrightarrow$

$$2(s-a)(s-b)(s-c)\sum\frac{a^2}{s-a}\geqslant abcs\tag{4}$$

(4)$\Leftrightarrow$

$$2\sum a^2(s-b)(s-c)\geqslant abcs\tag{5}$$

(5) 已经是一个整式的不等式,展开,(5)$\Leftrightarrow$

$$2s^2\sum a^2-2s\sum a^2(b+c)+2abc(a+b+c)\geqslant abcs\tag{6}$$

约去 $s$,注意 $a+b+c=2s$,(6)$\Leftrightarrow$

$$(a+b+c)\sum a^2-2\sum a^2(b+c)+3abc\geqslant 0\tag{7}$$

(7)$\Leftrightarrow$

$$\sum a^3-\sum a^2(b+c)+3abc\geqslant 0 \tag{8}$$

(8) 是著名的 Schar 不等式(对一切正实数 $a,b,c$ 均成立,不仅限于三角形的三边,所以(4) 亦如此). 因此(1) 成立.

上面的解法,只是化简而已,全是恒等变形,连放缩也不必做,谢谢 Schur 先生,他代我们做了.

化简中,减少出现的量至为重要,最后归结到基本的量,即边长 $a,b,c$,问题多半已经解决或接近于解决.

# 74. 统一的证明

最近见到蔡玉书等人讨论了六个三角不等式

$$\sum a^2 \sin\frac{A}{2} \geqslant 2\sqrt{3}S \tag{1}$$

$$\sum a^2 \cos\frac{A}{2} \geqslant 6S \tag{2}$$

$$\sum a^2 \tan\frac{A}{2} \geqslant 4S \tag{3}$$

$$\sum a^2 \cot\frac{A}{2} \geqslant 12S \tag{4}$$

$$\sum a^2 \csc\frac{A}{2} \geqslant 8\sqrt{3}S \tag{5}$$

$$\sum a^2 \sec\frac{A}{2} \geqslant 8S \tag{6}$$

其中 $S$ 为 $\triangle ABC$ 的面积.

证法有很多种，而且试图给出统一的证明，大致已经完成，我再补上一脚.

首先，有三个不等式可以利用，即

$$\sin A\sin B\sin C \leqslant \frac{3}{8}\sqrt{3} \tag{7}$$

$$\sin\frac{A}{2}\sin\frac{B}{2}\sin\frac{C}{2} \leqslant \frac{1}{8} \tag{8}$$

$$\cos\frac{A}{2}\cos\frac{B}{2}\cos\frac{C}{2} \leqslant \frac{3}{8}\sqrt{3} \tag{9}$$

它们分别是 Bottema 的《几何不等式》(单墫译，北京大学出版社，1991 年出版) 的 2.7，2.12，2.28.

因为

$$S = \frac{1}{2}bc\sin A = \frac{1}{2}ca\sin B = \frac{1}{2}ab\sin C$$

所以(1)(2)(3)(4)(5)(6) 即

$$\sum \frac{a^2}{bc\cos\frac{A}{2}} \geqslant 2\sqrt{3} \tag{1'}$$

$$\sum \frac{a^2}{bc\sin\frac{A}{2}} \geqslant 6 \tag{2'}$$

$$\sum \frac{a^2}{bc\cos^2\dfrac{A}{2}} \geqslant 4 \tag{3'}$$

$$\sum \frac{a^2}{bc\sin^2\dfrac{A}{2}} \geqslant 12 \tag{4'}$$

$$\sum \frac{a^2}{bc\sin A\sin\dfrac{A}{2}} \geqslant 4\sqrt{3} \tag{5'}$$

$$\sum \frac{a^2}{bc\sin A\cos\dfrac{A}{2}} \geqslant 4 \tag{6'}$$

由平均不等式

$$\sum \frac{a^2}{bc\cos\dfrac{A}{2}} \geqslant 3\sqrt[3]{\frac{1}{\cos\dfrac{A}{2}\cos\dfrac{B}{2}\cos\dfrac{C}{2}}} \geqslant 3\sqrt[3]{\frac{8}{3\sqrt{3}}} = 2\sqrt{3}$$

即(1′)成立,其中利用了(9).

同样可证(2′)(利用(8)),(3′)(利用(9)),(4′)(利用(8)),(3′)(利用(7)(8)),(6′)(利用(7)(9)).

# 75. 招式不要太多

招式不要太多.

十八般武艺样样精通,太难了.

十八般武艺,每样都懂个皮毛,不管用,不如一招"杀手锏","回马枪",甚或"三板斧".

老子说:"少则得,多则惑".

招式太多,不但难学好教好,而且往往自己都会搞糊涂了.

以不等式为例.

有基本的不等式与配方,再加上 Cauchy 不等式,排序不等式,也就差不多了,进一步再学点导数的应用,应当足够了,我就这点东西.

举几个三角不等式的例子.

**例 1** $\triangle ABC$ 中

$$\cos A+\cos B+\cos C \leqslant \frac{3}{2} \tag{1}$$

**解**

$$\begin{aligned}
&\cos A+\cos B+\cos C \\
=&2\cos \frac{A+B}{2}\cos \frac{A-B}{2}-\cos (A+B) \\
\leqslant& 2\cos \frac{A+B}{2}-2\cos^2 \frac{A+B}{2}+1 \\
=&\frac{3}{2}-2\left(\cos \frac{A+B}{2}-\frac{1}{2}\right)^2 \\
\leqslant& \frac{3}{2}
\end{aligned}$$

以上推导只用到配方.当然还需要恒等变形,特别是基本的三角恒等式(和差化积等).

(1) 很有用.最好能够记住,用于其他地方.

**例 2** $\triangle ABC$ 中

$$\sin \frac{A}{2}+\sin \frac{B}{2}+\sin \frac{C}{2} \leqslant \frac{3}{2} \tag{2}$$

**解**

$$\begin{aligned}
\sum \sin \frac{A}{2} &= \sum \cos\left(90^\circ-\frac{A}{2}\right) \\
&= \sum \cos \frac{B+C}{2}
\end{aligned}$$

因为 $\sum \frac{B+C}{2}=180^{\circ}$，所以存在一个内角为$\frac{B+C}{2}$，$\frac{C+A}{2}$，$\frac{A+B}{2}$的三角形.从而由(1)有

$$\sum \cos \frac{B+C}{2} \leqslant \frac{3}{2}$$

即(2)成立.

这种手法就是化归，将(2)化为(1).

**例** 3 $\triangle ABC$ 中

$$\sum \frac{1}{\cos A} \geqslant 6 \tag{3}$$

**解** 由 Cauchy 不等式得

$$\sum \cos A \cdot \sum \frac{1}{\cos A} \geqslant 9 \tag{4}$$

结合(1)，便得(3).

通常应用 Cauchy 不等式，可由一个关于上限的不等式(例如(1))，引出一个关于下限的不等式(例如(6)).

同样用 Cauchy 不等式得

$$\sum \frac{1}{1+\cos A} \geqslant 9 \div\left(3+\frac{3}{2}\right)=2 \tag{5}$$

**例** 4 $\triangle ABC$ 中

$$\sum \frac{\sin A}{\cos \frac{B}{2}} \leqslant 3 \tag{6}$$

**解** 不妨设 $A \geqslant B \geqslant C$. $A \leqslant 90^{\circ}$ 时

$$\sin A \geqslant \sin B \geqslant \sin C \tag{7}$$

$$\cos \frac{A}{2} \leqslant \cos \frac{B}{2} \leqslant \cos \frac{C}{2}$$

所以，由排序不等式得

$$\sum \frac{\sin A}{\cos \frac{B}{2}} \leqslant \sum \frac{\sin A}{\cos \frac{A}{2}}=2 \sum \sin \frac{A}{2} \leqslant 3$$

$A>90^{\circ}$ 时

$$\sin A=\sin (B+C) \geqslant \sin B \geqslant \sin C$$

即(7)仍成立，推导不变.

**例** 5 在 $\triangle ABC$ 中

$$\sum \frac{\sin A+\sin B}{\cos \frac{A}{2}} \leqslant 6 \tag{8}$$

**解**　由(2)与(6)立得.

**例** 6　在锐角 $\triangle ABC$ 中

$$\sum \frac{1}{\cos A(1+\cos A)} \geqslant 4 \tag{9}$$

**解**　由排序不等式得

$$\sum \frac{1}{\cos A(1+\cos B)} \leqslant \sum \frac{1}{\cos A(1+\cos A)}$$

$$\sum \frac{1}{\cos A(1+\cos C)} \leqslant \sum \frac{1}{\cos A(1+\cos A)}$$

所以由(3)(5)得

$$\begin{aligned}\sum \frac{1}{\cos A(1+\cos A)} &\geqslant \frac{1}{3}\sum \frac{1}{\cos A}\sum \frac{1}{1+\cos A} \\ &\geqslant \frac{1}{3}\times 6\times 2=4\end{aligned}$$

三角不等式有时可化为代数不等式,代数不等式也可化为三角不等式,但我认为三角不等式尽可能用三角做,代数不等式尽可能用代数做.不必化来化去,除非转化能使问题简化.

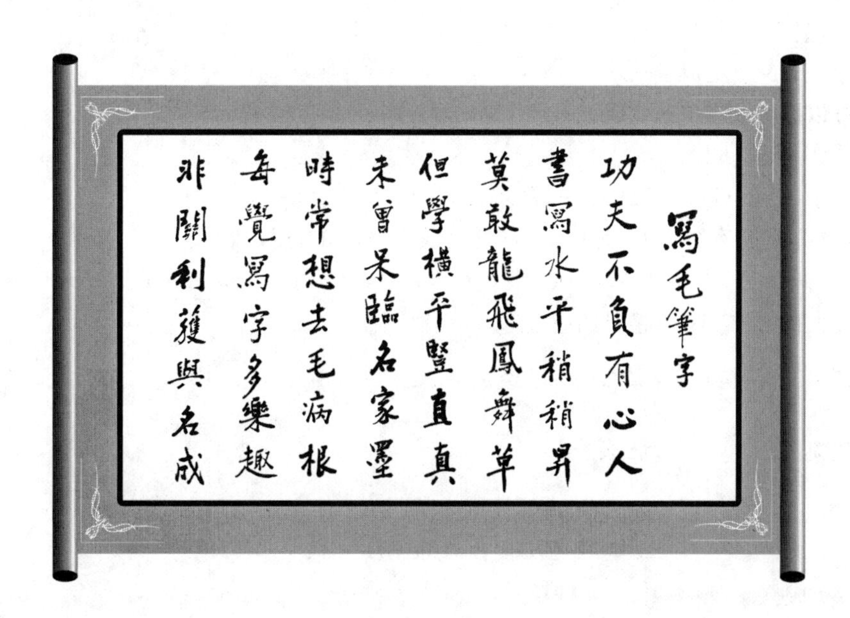

# 76. 感觉

最近见到很多的三角不等式.

下面是一道加拿大数学杂志 Crux 的问题 4510.

在锐角或直角 $\triangle ABC$ 中

$$\cos A\cos B+\cos B\cos C+\cos C\cos A>2\sqrt{\cos A\cos B\cos C} \tag{1}$$

直角三角形情况显然,只需证锐角三角形的情况.

证法很多,现在有很多年轻的解题高手,思路敏捷,招式娴熟.我老矣,脑子转动不快,招式也不熟悉,只剩下一些感觉.

(1) 的右边是 $2\sqrt{\cos A\cos B\cos C}$,而显然由基本不等式有

$$\cos A\cos B+\cos C\geqslant 2\sqrt{\cos A\cos B\cos C} \tag{2}$$

于是,只要(1) 左边的后两项之和

$$\cos B\cos C+\cos C\cos A>\cos C \tag{3}$$

那么就大功告成了.(3) 就是

$$\cos B+\cos A>1 \tag{4}$$

(4) 是否一定成立呢?

可以成立,但不一定成立.

什么意思?

如果 $A,B,C$ 中,$C$ 最大,$A,B$ 都比 $C$ 小,那么(4) 一定成立.

当然,我们不妨设 $C\geqslant B\geqslant A$(这是我们拥有的选择权).

这时 $\cos A\geqslant\cos B\geqslant\cos C$(要使(4) 成立,自然要取 $\cos A,\cos B,\cos C$ 中两个较大的相加,这是起码的感觉).

如果 $\cos B>\frac{1}{2}$,那么(4) 已经成立.

如果 $\cos B<\frac{1}{2}$,那么

$$\begin{aligned}1-\cos A&=1+\cos(B+C)\leqslant 1+\cos 2B\\&=2\cos^2 B<\cos B\end{aligned}$$

从而(4) 成立. (5)

还有一个例外情况,即 $\cos B=\frac{1}{2}$,这时(4) 可能成为等式,但也仅在 $A=B=C=60^\circ$ 时才出现这种情况,这时(2) 不出现等号,(1) 依然成立.

廉颇虽老,还能吃饭,保持较好的感觉.

# 77. 似乎是显然的

在 $\triangle ABC$ 中,证明

$$\cos(B-C)\cos(C-A)\cos(A-B) \geqslant 8\cos A\cos B\cos C \qquad (1)$$

对于锐角或直角三角形的情况,褚小光给出三种证明,第一种尤为简洁.

对于钝角三角形的情况,褚小光也给出了证明,但比较繁.

其实钝角三角形的情况似乎是显然的.

不妨设 $A > 90^\circ > B \geqslant C$.

需要注意(1) 中各余弦的正负,右边仅 $\cos A < 0$,所以右边小于 0.

如果 $A-B \geqslant 90^\circ$,那么 $A-C \geqslant 90^\circ$,(1) 的左边 $\cos(C-A) \leqslant 0$,$\cos(A-B) \leqslant 0$,从而左边 $\geqslant 0$,(1) 显然成立.

如果 $A-C \leqslant 90^\circ$,同样(1) 显然成立.

只剩下 $C+90^\circ < A < B+90^\circ$ 这种情况.

这时,因为 $A-C < A$,所以

$$\cos(A-C) > \cos A \qquad (2)$$

而

$$\begin{aligned} 8\cos B\cos C &= 4(\cos(B+C)+\cos(B-C)) \\ &> 4\cos(B-C) > 4\cos(A-B)\cos(B-C) \end{aligned} \qquad (3)$$

由(2)(3) 即得(1).

**附** 当 $90^\circ \geqslant A \geqslant B \geqslant C$ 时

$$\cos(A-C) = \cos(A-B)\cos(B-C) - \sin(A-B)\sin(B-C)$$
$$\leqslant \cos(A-B)\cos(B-C)$$

所以

$$\begin{aligned} &\cos(A-B)\cos(B-C)\cos(C-A) \geqslant \cos^2(A-C) \\ &= (\cos A\cos C + \sin A\sin C)^2 \\ &= (2\cos A\cos C - (\cos A\cos C - \sin A\sin C))^2 \\ &= (2\cos A\cos C + \cos B)^2 \\ &\geqslant 8\cos A\cos C\cos B \end{aligned}$$

我现在只能做比较简单的题目.不过,看到复杂的解法,会有一点想法:能不能简化一下,让更多的人都能看懂?也就是说,能不能把复杂的解法简单化,而不要把简单的问题复杂化.

# 78. 新问题是老问题

今天见到一个三角不等式.

在 $\triangle ABC$ 中

$$\sin\frac{A}{2}\sin\frac{B}{2}\sin\frac{C}{2}\leqslant\frac{1}{8}\cos\frac{A-B}{2}\cos\frac{B-C}{2}\cos\frac{C-A}{2} \tag{1}$$

恰巧昨天刚发一帖“似乎是显然的”,其中有在 $\triangle ABC$ 中

$$\cos(B-C)\cos(C-A)\cos(A-B)\geqslant 8\cos A\cos B\cos C \tag{2}$$

(1) 与(2) 何其相似乃尔!

其实(1) 就是(2) 的一部分.

令

$$A'=\frac{180^\circ-A}{2},B'=\frac{180^\circ-B}{2},C'=\frac{180^\circ-C}{2}$$

则

$$A'+B'+C'=180^\circ$$

从而 $A',B',C'$ 组成锐角三角形,式(1) 成为

$$\cos A'\cos B'\cos C'\leqslant\frac{1}{8}\cos(A'-B')\cos(B'-C')\cos(C'-A')$$

这种手法就是化归:将新问题化为老问题.

当然,也可以推陈出新,由老问题衍生出新问题.

不禁想起欧阳修调笑连襟王拱辰的两句话:“旧女婿为新女婿,大姨夫作小姨夫”.

# 79. 两个三角不等式

三角不等式的证明方法与代数不等式基本相同，都是进行恒等变形，并在适当的地方作适当的放缩. 当然三角不等式的证明中，需要一些三角的恒等变形，如和差化积、积化和差，等等. 这里举两个例子.

**例 1** 在 $\triangle ABC$ 中，证明

$$\sum \frac{1}{a^2\cos^2\frac{B-C}{2}} \leqslant \frac{1}{4r^2} \tag{1}$$

其中 $r$ 为内切圆半径.

**解** $a,b,c,A,B,C$ 是 $\triangle ABC$ 的基本量，$r$ 应化成基本量的函数（用基本量表示）.

通常有两种方法：

1. $r=\frac{\Delta}{s}$，其中 $s=\frac{1}{2}(a+b+c)$，$\Delta$ 为 $\triangle ABC$ 面积，所以

$$4r^2=\frac{4\Delta^2}{s^2}=\frac{4(s-a)(s-b)(s-c)}{s}$$

2. $r=(s-a)\tan\frac{A}{2}=(s-b)\tan\frac{B}{2}=(s-c)\tan\frac{C}{2}$，所以

$$4r^2=4(s-b)(s-c)\tan\frac{B}{2}\tan\frac{C}{2}=\cdots$$

于是，如果我们能够证明

$$\frac{1}{a^2\cos^2\frac{B-C}{2}} \leqslant \frac{1}{4(s-b)(s-c)} \tag{2}$$

及其他两个轮换结果，则

$$\sum \frac{1}{a^2\cos^2\frac{B-C}{2}} \leqslant \sum \frac{1}{4(s-b)(s-c)}=\frac{\sum(s-a)}{4(s-a)(s-b)(s-c)}=\frac{1}{4r^2}$$

或

$$\sum \frac{1}{a^2\cos^2\frac{B-C}{2}} \leqslant \sum \frac{\tan\frac{B}{2}\tan\frac{C}{2}}{4r^2}=\frac{1}{4r^2}\sum\tan\frac{B}{2}\tan\frac{C}{2}=\frac{1}{4r^2}$$

而

$$(2) \Leftrightarrow a^2\cos^2\frac{B-C}{2} \geqslant (a+b-c)(a+c-b)=a^2-(b-c)^2$$

$$\Leftrightarrow (b-c)^2 \geqslant a^2 \sin^2 \frac{B-C}{2}$$

$$\Leftrightarrow \left(\frac{b-c}{a}\right)^2 \geqslant \sin^2 \frac{B-C}{2}$$

因为

$$\left(\frac{b-c}{a}\right)^2 = \left(\frac{\sin B - \sin C}{\sin A}\right)^2 = \left(\frac{2\sin \frac{B-C}{2} \cos \frac{B+C}{2}}{2\sin \frac{A}{2} \cos \frac{A}{2}}\right)^2$$

$$= \left(\frac{\sin \frac{B-C}{2}}{\cos \frac{A}{2}}\right)^2 \geqslant \sin^2 \frac{B-C}{2}$$

所以以上各式及(2)均成立.

关键是利用 $s=\sum(s-a)$ 或 $\sum \tan \frac{B}{2} \tan \frac{C}{2}$,将 $\frac{1}{4r^2}$ 拆成三个式子之和,而这三个式子是可以由其中任一个轮换得出的,即

$$\frac{1}{4r^2} = \frac{s}{4(s-a)(s-b)(s-c)} = \sum \frac{s-a}{4(s-a)(s-b)(s-c)} = \cdots$$

或

$$\frac{1}{4r^2} = \frac{\sum \tan \frac{B}{2} \tan \frac{C}{2}}{4r^2} = \sum \frac{1}{4(s-b)(s-c)}$$

**例 2** 在 $\triangle ABC$ 中,证明

$$\sum \frac{1}{a^2 \cos \frac{B-C}{2}} \leqslant \frac{1}{4r^2}$$

**解**

$$\frac{1}{\cos \frac{B-C}{2}} \leqslant \frac{1}{\cos^2 \frac{B-C}{2}}$$

所以例 2 由例 1 立即推出.

# 80. 几个三角不等式

**例 1**　证明或推翻:在锐角三角形 $ABC$ 中

$$4\sum\sin^4 A \geqslant 3\sum\sin^2 A \tag{1}$$

**解**　结论成立. 令 $D=\pi-2A, E=\pi-2B, F=\pi-2C$,则

$$D+E+F=3\pi-2\sum A=\pi$$

并且 $D,E,F$ 均正(从而存在以 $D,E,F$ 为角的 $\triangle DEF$,它未必是锐角三角形),(1) 化为

$$4\sum\cos^4\frac{D}{2}-3\sum\cos^2\frac{D}{2}\geqslant 0 \tag{2}$$

因为

$$\begin{aligned}2\left(4\sum\cos^4\frac{D}{2}-3\sum\cos^2\frac{D}{2}\right)&=2\sum\cos\frac{D}{2}\left(4\cos^3\frac{D}{2}-3\cos\frac{D}{2}\right)\\&=2\sum\cos\frac{D}{2}\cos\frac{3D}{2}\\&=\sum\cos D+\sum\cos 2D\end{aligned}$$

所以(2) 等价于下面的例 2.

**例 2**　在 $\triangle DEF$ 中

$$\sum\cos D+\sum\cos 2D\geqslant 0 \tag{3}$$

**解**　如果 $\triangle DEF$ 是锐角三角形,那么

$$\begin{aligned}&\sum\cos D+\sum\cos 2D\\=&\sum\cos D+\frac{1}{2}\sum(\cos 2D+\cos 2E)\\=&\sum\cos D+\sum\cos(D+E)\cos(D-E)\\=&\sum\cos D-\sum\cos F\cos(D-E)\\=&\sum\cos D(1-\cos(E-F))\geqslant 0\end{aligned}$$

如果 $\triangle DEF$ 不是锐角三角形,那么

$$\begin{aligned}&\sum\cos D+\sum\cos 2D\\=&\left(\sum\cos D-1\right)+\left(\sum\cos 2D+1\right)\\=&4\sin\frac{D}{2}\sin\frac{E}{2}\sin\frac{F}{2}-4\cos D\cos E\cos F\geqslant 0\end{aligned}$$

从而(3) 成立,(1) 也成立.

由(1) 及正弦定理立即得到:

**例** 3　在锐角三角形 $ABC$ 中

$$\sum a^4 \geqslant 3R^2 \sum a^2 \tag{4}$$

其中 $a,b,c$ 为边长,$R$ 为外接圆半径,以及

$$\frac{b^4}{a^2}\sin^2 A+\frac{c^4}{b^2}\sin^2 B+\frac{a^4}{c^2}\sin^2 C\geqslant \frac{3}{4}\sum a^2 \tag{5}$$

(用正弦定理立即化为(4)).

陈计用恒等式

$$4\sum \sin^4 A-3\sum \sin^2 A=2\sum \sin^2 A\cot B\cot C\sin^2(B-C) \tag{6}$$

直接得出(1),不过这恒等式不易证明,更难发现.

例 3 也可以直接证明如下:

因为 $R=\dfrac{abc}{4\Delta}$,所以

$$\begin{aligned}(4) &\Leftrightarrow 16\Delta^2\sum a^4 \geqslant 3a^2b^2c^2\sum a^2\\ &\Leftrightarrow \left(2\sum a^2b^2-\sum a^4\right)\sum a^4 \geqslant 3a^2b^2c^2\sum a^2\end{aligned} \tag{5}$$

因为 $\triangle ABC$ 是锐角三角形,所以 $a^2,b^2,c^2$ 组成三角形,记 $d=a^2,e=b^2$, $f=c^2$,则(5)$\Leftrightarrow$

$$\left(2\sum de-\sum d^2\right)\sum d^2 \geqslant 3def\sum d \tag{6}$$

由对称性,不妨设 $d\geqslant e\geqslant f$,则

$$\begin{aligned}&8\left(\sum de\right)\sum d^2-4\left(\sum d^2\right)^2-12def\sum d\\ =&4\left(\sum de\right)^2-\left(2\sum d^2-2\sum de\right)^2-12def\sum d\\ =&4\left(\sum d^2e^2-def\sum d\right)-\left(\sum (d-e)^2\right)^2\\ =&2\sum d^2(e-f)^2-\left(\sum (d-e)^2\right)^2\\ =&\sum (e-f)^2\left(2d^2-(e-f)^2-(d-e)^2-(d-f)^2\right)\\ =&2\sum (e-f)^2(de+ef+fd-e^2-f^2)\end{aligned}$$

所以

$$\begin{aligned}(3) &\Leftrightarrow \sum (e-f)^2(de+ef+fd-e^2-f^2)\geqslant 0\\ &\Leftrightarrow (d-e)^2\left(d(e+f-d)-e(e-f)\right)+\\ &\qquad (d-f)^2\left(d(e+f-d)+f(e-f)\right)\geqslant 0\\ &\Leftrightarrow f(d-f)-e(d-e)\geqslant 0 \Leftrightarrow (e-f)(e+f-d)\geqslant 0\end{aligned}$$

**推论**　在锐角三角形中

$$4\sum\sin^4 A \geqslant 3\sum\sin^2 A$$

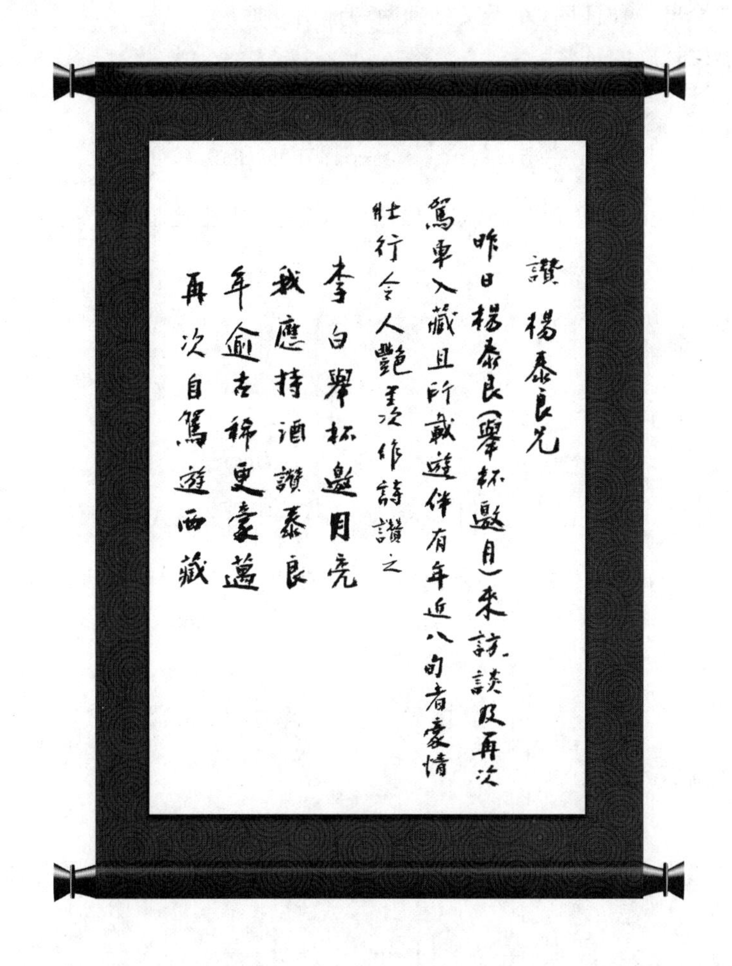

# 81. 又两种证明

三角不等式

在 $\triangle ABC$ 中

$$\sum \cos A + \sum \cos 2A \geqslant 0 \tag{1}$$

在上帖中已给出一种证明，昨天又见到两种证明.

一是福建林琳的证法：

(1)$\Leftrightarrow$

$$\sin\frac{A}{2}\sin\frac{B}{2}\sin\frac{C}{2} \geqslant \cos A\cos B\cos C \tag{2}$$

在 $\triangle ABC$ 不是锐角三角形时，式(2) 显然成立(上帖中也已证明). 在 $\triangle ABC$ 为锐角三角形时

$$\begin{aligned}\sin\frac{A}{2} \geqslant \sin\frac{A}{2}\cos\frac{B-C}{2} &= \cos\frac{B+C}{2}\cos\frac{B-C}{2} \\ &= \frac{1}{2}(\cos B + \cos C) \\ &\geqslant \sqrt{\cos B\cos C}\end{aligned} \tag{3}$$

于是 $$\prod \sin\frac{A}{2} \geqslant \prod \sqrt{\cos B\cos C} = \prod \cos A$$

二由《三角函数》(中国科学技术大学出版社出版，单墫) p.105 的例 23.

$$(1-\cos A)(1-\cos B)(1-\cos C) \geqslant \cos A\cos B\cos C \tag{4}$$

(4) 即

$$8\sin^2\frac{A}{2}\sin^2\frac{B}{2}\sin^2\frac{C}{2} \geqslant \cos A\cos B\cos C \tag{5}$$

又由同书的例 10(p.87)，有

$$\sin\frac{A}{2}\sin\frac{B}{2}\sin\frac{C}{2} \leqslant \frac{1}{8} \tag{6}$$

所以

$$\prod \sin\frac{A}{2} \geqslant 8\prod \sin^2\frac{A}{2} \geqslant \prod \cos A$$

(4) 比(1) 略强.

**附**　下面给出式(4) 的另一种证明(与《三角函数》中不同).

若 $\triangle ABC$ 不是锐角三角形，则式(4) 的右边为负或为零，结论显然.

若 $\triangle ABC$ 为锐角三角形，则

$$
\begin{aligned}
&\prod(1-\cos A)-\prod\cos A\\
=&(1-\cos A)(1-\cos B)-(1-\cos A)(1-\cos B)\cos C-\\
&\cos C(\cos(A+B)+\sin A\sin B)\\
=&\cos^2 C-((1-\cos A)(1-\cos B)+\sin A\sin B)\cos C+\\
&(1-\cos A)(1-\cos B)\\
=&\cos^2 C-(1-\cos A-\cos B+\cos(A-B))\cos C+4\sin^2\frac{A}{2}\sin^2\frac{B}{2}\\
=&\cos^2 C-2\cos\frac{A-B}{2}\left(\cos\frac{A-B}{2}-\cos\frac{A+B}{2}\right)\cos C+4\sin^2\frac{A}{2}\sin^2\frac{B}{2}\\
=&\cos^2 C-4\cos\frac{A-B}{2}\sin\frac{A}{2}\sin\frac{B}{2}\cos C+4\sin^2\frac{A}{2}\sin^2\frac{B}{2}\\
\geqslant&\cos^2 C-4\sin\frac{A}{2}\sin\frac{B}{2}\cos C+4\sin^2\frac{A}{2}\sin^2\frac{B}{2}\\
=&(\cos C-2\sin\frac{A}{2}\sin\frac{B}{2})^2\geqslant 0
\end{aligned}
$$

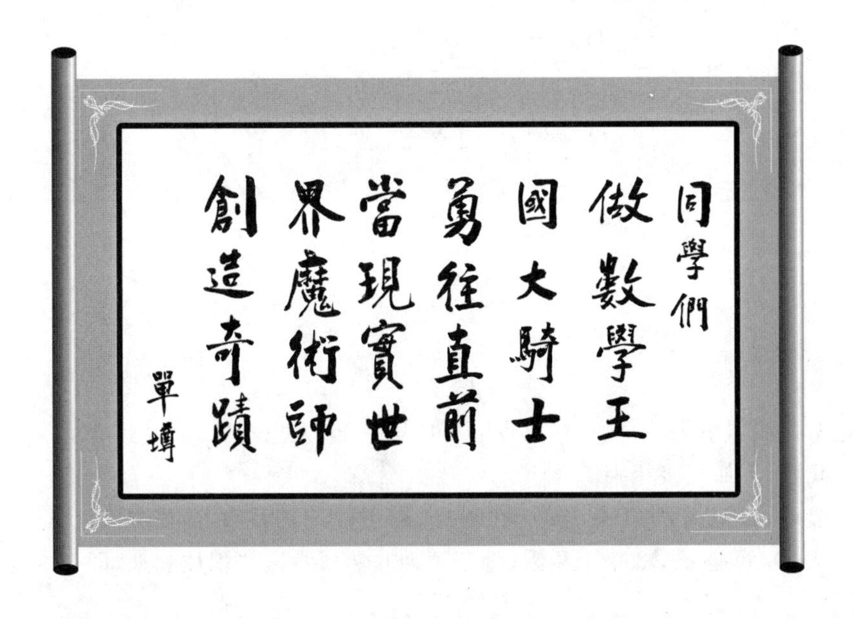

# 82. 拙与巧

某年有竞赛题如下：

乘积$(1-x)(1+2x)(1-3x)\cdots(1+14x)(1-15x)$的展开式中，$x^2$项的系数为$C$，求$|C|$.

有评注者这样做：

设

$$f(x)=(1-x)(1+2x)(1-3x)\cdots(1+14x)(1-15x)$$

则

$$f(-x)=(1+x)(1-2x)(1+3x)\cdots(1-14x)(1+15x)$$

$$f(x)f(-x)=(1-x^2)(1-4x^2)(1-9x^2)\cdots(1-15^2x^2)$$

$f(x)$的一次项系数为

$$-1+2-3+\cdots+14-15=-8$$

所以

$$f(x)=1-8x+cx^2+\cdots$$

$$f(-x)=1+8x+cx^2+\cdots$$

$$f(x)f(-x)=1+(2c-64)x^2+\cdots$$

因此

$$-(2c-64)=1^2+2^2+\cdots+15^2$$

解得

$$c=-588$$

即

$$|c|=588$$

这个评注似乎很巧，但实在有点匪夷所思，一般人想不到，莫名其妙.

依我看，不如直接相乘.

一般地，$(1+a_1x)(1+a_2x)\cdots(1+a_nx)$中，$x^2$的系数，应当先由$a_i$与$a_j$相乘($i<j$)，再与$n-2$个1相乘(等于不乘)，然后将这些积加起来，即

$$C=\sum_{i<j}a_ia_j$$

从而

$$2C=\sum_{i\neq j}a_ia_j=\sum_{i,j}a_ia_j-\sum_i a_i^2$$

$$=\left(\sum a_i\right)^2-\sum a_i^2$$

$$C=\frac{1}{2}\left(\left(\sum a_i\right)^2-\sum a_i^2\right) \tag{1}$$

(1) 是一般的公式,对于本题

$$\left(\sum a_i\right)^2=(-8)^2=64$$

$$\sum a_i^2=\frac{1}{6}\times 15\times 16\times 31=1\ 240$$

$$|c|=\frac{1}{2}(1\ 240-64)=588$$

解题需要技巧,但有时朴实无华就是最好的技巧.过分华丽反会弄巧成拙.

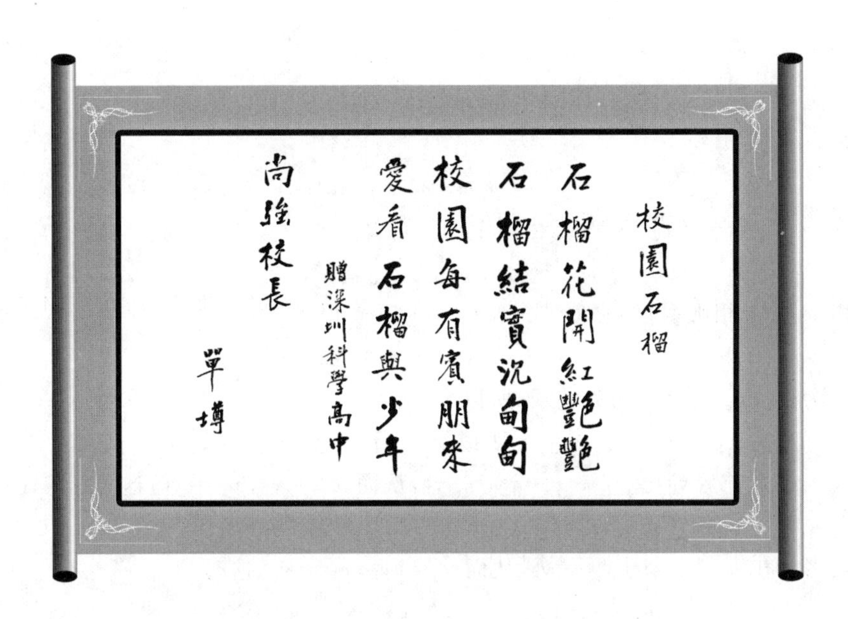

## 83. 有解,有唯一解

下面的这道题是 2014 年印尼的赛题：

正整数 $m,n$ 使得方程组

$$\begin{cases} x+y^2=m & (1) \\ x^2+y=n & (2) \end{cases}$$

恰有一个整数解 $(x,y)$. 求 $m-n$ 的所有可能的值.

**解** 先设(1)(2)已有解,看看什么时候有唯一解.

再设 $(x_1,y_1)$, $(x_2,y_2)$ 均为方程组的整数解,则由(1),得

$$x_1+y_1^2=m$$

$$x_2+y_2^2=m$$

相减得

$$x_1-x_2=y_2^2-y_1^2=(y_2-y_1)(y_2+y_1) \qquad (3)$$

同样地,由(2)得

$$y_1-y_2=(x_2-x_1)(x_2+x_1) \qquad (4)$$

在 $(x_1,y_1)\neq(x_2,y_2)$ 时,由以上两式可知

$$x_1\neq x_2, y_1\neq y_2$$

从而由(3)(4)相乘,再约去 $(x_1-x_2)(y_1-y_2)$,得

$$(x_1+x_2)(y_1+y_2)=1$$

因为 $x_1,x_2,y_1,y_2$ 均为整数,所以

$$x_1+x_2=y_1+y_2=1 \text{ 或 } x_1+x_2=y_1+y_2=-1$$

代入(3),前者导出 $x_1-x_2=y_2-y_1$,从而 $x_1=y_2$, $x_2=y_1$,这时

$$m-n=(x_1+y_1^2)-(x_2^2+y_2)=0$$

后者导出 $x_1-x_2=y_1-y_2$,从而 $x_1=y_1$, $x_2=y_2$,这时

$$m-n=(x_1+x_1^2)-(x_1^2+x_1)=0$$

于是,在 $m-n\neq 0$ 时,方程组(1)(2)至多有一组解.

但 $m-n\neq 0$,能不能保证方程组有解呢?

要保证方程组有解,还需要对 $m-n$ 有更多的限制.

设 $(x,y)$ 为方程组(1)(2)的整数解,则

$$m-n=(x+y^2)-(x^2+y)=(x-y)(1-x-y) \qquad (5)$$

于是 $x-y$, $x+y-1$ 都是 $m-n$ 的因数,而 $x-y$, $x+y-1$ 一奇一偶,所以 $m-n$ 一定是偶数.

最后证明当 $m-n$ 是非零的偶数时,方程组(1)(2)一定有唯一的整数解.

设 $m-n=ab$，其中 $a$ 为奇数，$b$ 为非零偶数(例如 $a=1,b=m-n$)，再由

$$x-y=a,1-x-y=b \tag{6}$$

定出

$$x=\frac{a-b+1}{2},y=\frac{-a-b+1}{2} \tag{7}$$

$$m=x+y^2=\frac{a^2+b^2+2ab-4b+3}{4} \tag{8}$$

$$n=x^2+y=\frac{a^2+b^2-2ab-4b+3}{4} \tag{9}$$

(因为 $a,b$ 一奇一偶，$a^2+b^2\pm 2ab=(a\pm b)^2\equiv 1(\bmod 4)$，从而 $m,n$ 都是整数.)

因此，当且仅当 $m-n$ 是非零偶数时，有正整数 $m,n$，使方程组(1)(2)有唯一的整数解.

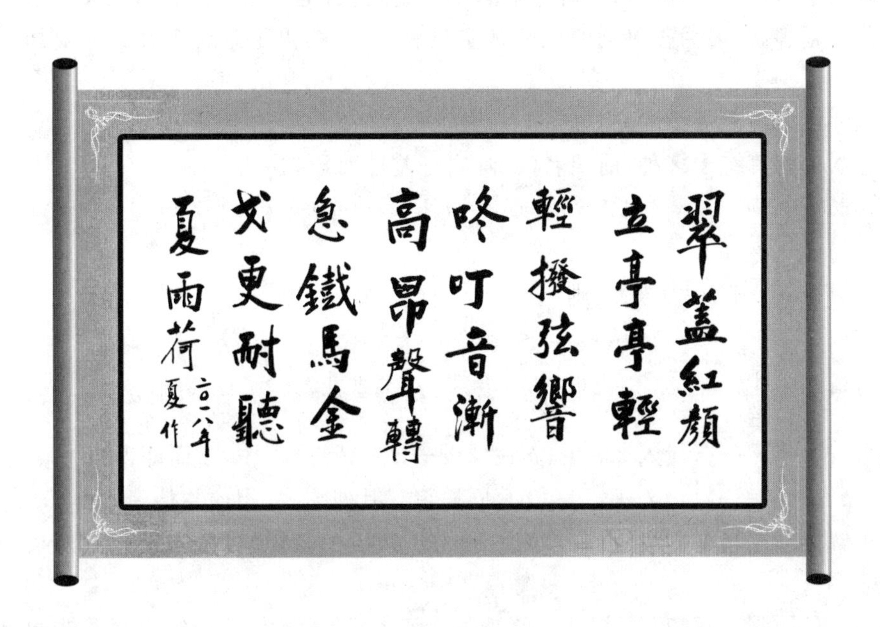

# 84. 一个实验

抛出一道题：

设 $a,b,c$ 为 $\triangle ABC$ 的三边. 求证

$$2ab+2bc+2ca>a^2+b^2+c^2 \tag{1}$$

做了个实验(我也曾在常州，用拙著《平面几何的知识与问题》一书中的40道题做过试验).

实验得出正面结果：我国数学教师中的优秀者喜欢解题，而且有相当高的解题能力(事物有正反两面，反面就是我国有相当多的数学教师不喜欢解题，也不会解题，他们常讲些与数学无关的"废话").

这题并非我新编的，是一道陈题. 即使这个已在教材或教辅中出现的题，似乎过去也未得到充分讨论，这次我们讨论了一番.

解法很多，一题多解可以开阔思路(不是定式，而是发散式思维)，但我并不太赞成一题多解，因为很多题的正解其实只有一种. 我更主张对多种解法要加以点评.

点评可以提高数学的品味.

这次的解答有十多种，前四名(依解法好差排列)依次为：

1. $2ab+2bc+2ca-a^2-b^2-c^2=a(b+c-a)+b(c+a-b)+c(a+b-c)>0$.

2. 设 $a,b,c$ 中，$a$ 为最大，则

$$a^2+b^2+c^2<a(b+c)+ab+ac$$

3. 设 $x=\frac{1}{2}(b+c-a)$，$y=\frac{1}{2}(c+a-b)$，$z=\frac{1}{2}(a+b-c)$，则 $a=y+z$，$b=z+x$，$c=x+y$，代入 $2ab+2bc+2ca-a^2-b^2-c^2$ 中，化简即得.

4. $a^2>(b-c)^2=b^2+c^2-2bc$，同样可得其他二式，相加并整理即得.

正解标准应当是方法简单(然而一般)，用很少的知识解决了(甚至颇复杂的)问题.

第1种即是正解，仅用了三角形两边之和大于第三边. 这一知识当然非用不可，没有这条，式(1)就不成立.

第2种也是正解，多出一个条件：$a$ 最大. 但这个条件是我们自己创造的条件，合理而有用. 这种解法可立即推广到四边形.

设四边形 $ABCD$ 的边长为 $a,b,c,d$，则

$$a^2+b^2+c^2+d^2<2(ab+ac+ad+bc+bd+cd)$$

证法仍是设 $a$ 最大，则

$$a^2+b^2+c^2+d^2<a(b+c+d)+ab+ac+ad$$

我更喜欢这种解法. 但用第1种解法的人更多，所以让它位居第一.

第3种解法是由内切圆引出的解法，也有不少人喜欢用，但不及前两种简单.

有人用余弦定理，知识多了些，而且实际要化为第4种解法. 第4种解法用的知识也极少，但升到二次了($a>b-c$ 变成 $c^2>(b-c)^2$)，所以我让它屈居第四.

其他解法就不一一点评了.

我有一个体会就是进步的快慢取决于是否善于汲取别人的长处，将别人的长处变为自己的本领，这就越来越强. 如果老以为自己了不起，想出一个解就"震惊世界"，那么就容易固步自封，越来越落后了.

想入非非，就解一道题而言，恐怕不是好事. 但就培养思维能力来说，又未必不是好事.

当然要注意思维的品格.

例如我提供的两种解法.

一种考虑以 $\sqrt{a}$，$\sqrt{b}$，$\sqrt{c}$ 为边的三角形(似八十年代我曾在某杂志上写过与"平方根三角形"有关的文章)，设它的面积为 $\Delta$，则

$$2ab+2bc+2ca-a^2-b^2-c^2=16\Delta^2$$

这就给出左边的表达式一个几何意义. 顺便也提及海伦 — 秦九韶公式的一种形式，它更适用于计算边长为 $\sqrt{l}$，$\sqrt{m}$，$\sqrt{n}$ 的三角形的面积.

另一种能得出

$$2\sum ab-\sum a^2=4r(4R+r)>0$$

也给出 $2\sum ab-\sum a^2$ 的几何意义. 这种联系倒是我第一次找到(当然前人可能早已看过，需询叶中豪)，亦颇有趣. 或许，求

$$\frac{2\sum ab-\sum a^2}{r(4R+r)}$$

的值是一道更好的题. 但似乎难了些，做的人不踊跃.

还有一点想说的就是书面表达. 证明当然要严谨，但我们的讨论希望能写得简单、清楚、一针见血，不要拖泥带水. 某出版社对这题写的解答就太冗长了. 冗长未必严谨，却将思想淹没了.

一下写了很长，我累了，得歇一歇.

# 85. 有错必纠

某次说 $\triangle ABC$ 中

$$2ab+2bc+2ca-a^2-b^2-c^2=4(R+r)^2 \tag{1}$$

承付谦等指出(1) 有误,应更正为

$$2ab+2bc+2ca-a^2-b^2-c^2=4r(4R+r) \tag{2}$$

证明不难:

$$\begin{aligned}
\text{左边}&=4R^2(2\sum\sin A\sin B-\sum\sin^2 A)\\
&=4R^2(2\sum\cos A+2\sum\cos A\cos B-3+\sum\cos^2 A)\\
&=4R^2((\sum\cos A)^2+2\sum\cos A-3)\\
&=4R^2(\sum\cos A+3)(\sum\cos A-1)\\
&=4r(r+4R)
\end{aligned}$$

最后一步利用了

$$r=R(\cos A+\cos B+\cos C-1) \tag{3}$$

可见拙著《平面几何的知识与问题》的习题 3 第 38 题.

关于余切的表达亦应作相应的修改.

小时候,喜欢抓老师的错处,稍大些爱抓权威的错误. 现在有人把我当权威(其实不是),以为我写的都是对的,其实我也常常犯错. 近来老了,更是错误频出. 请读者不要迷信我,也不要迷信真正的权威.

有一本书叫《稳操胜券》,作者Conway等说:"书中故意放了163处错误,可以为读者提供充分余地,让他们积极参与".

武打小说,如《水浒传》,常常卖个破绽,让对方上当,原来数学家也会这样做,呵呵!

# 86. 点评更重要

上一次，我已说过："我并不太赞成一题多解. 因为很多题的正解其实只有一种. 我更主张对多种解法要加以点评".

点评可以提高数学的品味."

下面是一位同学的解答，他将 84 节的问题化成

$$\frac{2}{c}+\frac{2}{a}+\frac{2}{b}>\frac{a}{bc}+\frac{b}{ac}+\frac{c}{ab} \tag{1}$$

然后再用

$$\frac{1}{c}+\frac{1}{a}=\frac{a+c}{ac}>\frac{b}{ac} \tag{2}$$

相加得出结论.

这种解法，实在不佳. 学生自己解出，应予表扬. 但必须指出他绕了很大的圈子，需要改进.

首先，化简是化繁为简，而不是化简为繁，一般说来，应将分式方程或不等式化为整式的相关问题，而不是相反.

其次，本题化为分式毫无好处，关键的(2) 其实是一个整式的不等式

$$a+c>b \tag{3}$$

亦即

$$b(a+c)>b^2 \tag{4}$$

将类似的三个不等式相加，即得结果

$$2(ab+bc+ca)>a^2+b^2+c^2 \tag{5}$$

根本没有必要引进分式.

虽然应提倡广开思维，但有些错误的思路(如将整式化为分式) 应当"堵"上. 这样可以少走弯路，早一点获得正解.

进步的快慢取决于是否善于汲取别人的长处. 人，往往偏爱自己的解法，敝帚自珍. 但要想进步快，就必须汲取各家之长，决不可固步自封. 教师应给学生做出示范，应当纠正学生思维中的不妥，让他们认识到什么是好的解法，学习好的解法，摒弃不好的解法.

# 87. 知识就是力量

曾说过,知识多了,食而不化,不会应用,解题时可能会成为“知识障”,但绝不是不要知识,反对学习知识.

知识就是力量.

有些问题,缺少必要的知识就无法解决,例如下面的数论题.

求素数 $p,q,r$ 满足方程

$$p^3=p^2+q^2+r^2 \tag{1}$$

素数就是质数,其中只有 2 是偶数,其余的素数都是奇数.

我们先处理这个特别的素数 2.

如果 $p=2$,那么(1) 成为

$$4=q^2+r^2 \tag{2}$$

右边显然大于 4,方程不成立.

如果 $q,r$ 中至少有一个为 2,那么由于 $p^3-p^2=p^2(p-1)$ 是偶数,$q,r$ 中的另一个也是偶数,即也是 2.从而 $q^2+r^2=8$,$p\mid 8$,因此 $p=2$,而上面已说过此时无解,于是 $p,q,r$ 都是奇素数,即

$$p\equiv p^3=p^2+q^2+r^2\equiv 1+1+1=3(\bmod 4) \tag{3}$$

由(1),有

$$q^2+r^2\equiv 0(\bmod p) \tag{4}$$

如果 $p\neq r$,那么 $p,r$ 互质.

由 Bezout 定理,存在等式

$$ur+vp=1 \tag{5}$$

其中 $u,v$ 为整数.

于是,在(4) 两边乘以 $u^2$,得

$$(uq)^2\equiv -1(\bmod p) \tag{6}$$

(6) 中的 $uq\not\equiv 0(\bmod p)$,当然与 $p$ 互质.

(6) 两边$\frac{p-1}{2}$ 次方,得

$$(uq)^{p-1}\equiv(-1)^{\frac{p-1}{2}}(\bmod p) \tag{7}$$

由 Fermat 小定理,(7) 的左边 $\equiv 1$.由 $p\equiv 3(\bmod 4)$,$(-1)^{\frac{p-1}{2}}=-1$,所以(7) 成为 $1\equiv -1(\bmod p)$,不成立.

矛盾表明 $p=r$,同样 $p=q$(或由(4) 及 $p=r$ 得出 $p=q$).

(1) 成为

$$p^3 = 3p^2 \tag{7}$$

从而 $p = 3$,即

$$(p,q,r) = (3,3,3)$$

本题需要互质、同余、Bezout 定理,Fermat 小定理等知识,上面证明了 $p$ 为 $4k+3$ 型素数时,方程

$$x^2 \equiv -1 \pmod p \tag{8}$$

无解.更完整的结论是当且仅当素数 $p$ 为 $4k+1$ 型时,方程(8)有解,也就是当且仅当素数 $p$ 为 $4k+1$ 型时,$-1$ 是 $\bmod p$ 的平方剩余.

熟知平方剩余的做这道题应无太大困难.

年轻人,要多学点知识.

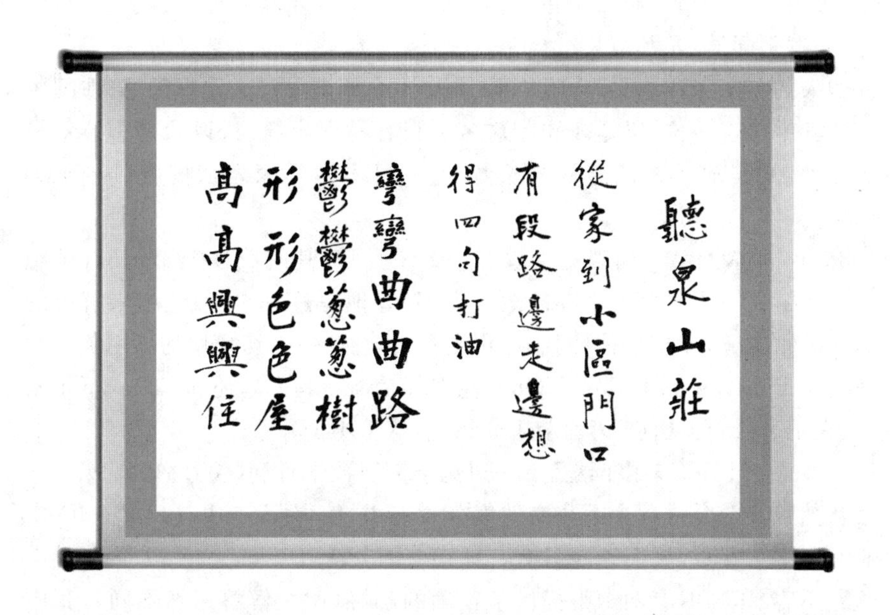

# 88. 空气一碟

最近看到一篇介绍 Erdös 的帖子.

关于这位数学家,已有两本译成中文的传记《我的大脑敞开了》《数字情种》. 我原先都有,后来可能送给南京师范大学附属中学了.

Erdös 这名字怎么读？原先,我们都将“dö”拼成“多”. 但在上述传记中明确指出,他的名字应当读作“Air Dish”(空气一碟),所以译为厄尔迪什比译为厄尔多斯要准确一些.

帖中的“格林汉姆”应是 Graham,曾任美国数学学会主席,但这里的“h”不发音,所以他虽是“一条汉子”,名字中却不该出现“汉”这个字. 紧接着在他后面又现出了一个中国人的名字“陈凡”. 译错了,应为金芳蓉. 上述传记都说 Graham 及其夫人照管 Erdös 的手稿、文章. 他夫人金芳蓉是台湾数学家,与张圣容、李文卿是同学,尤其擅长组合.

外国人的名字译成中文,常闹笑话. 如一本介绍费尔马大定理的书(在国内颇流行),其中出现一位“伊娃莎娃”. 这名字很容易引出绮想,以为是一位年轻美丽的女性,其实却是一位慈祥的长者 —— 日本数学家岩沢健吉(Iwasawa Kenkichi).

1988 年,加拿大第一届数论会议在 Banff 召开,其间我在 Waterloo,很想去,但没有钱,便写了封信给主办的数学家 Guy(他写过一本《数论中未解决的问题》,Guy 很友善,立即回信给我,说欢迎我去,会议中一切费用均不用负担).

我去了 Banff,见到 Erdös 与 Guy(他们都是匈牙利人),还和 Erdös 下了两盘围棋(在拙著《组合几何》第六节末介绍过,这里不赘).

Erdös 提出过许许多多问题,下一道见于美国数学月刊(编号 $A6431$).

将自然数集合分成两个不相交的集合 $A$ 与 $B$,使得 $(A+A)\cup(B+B)$ 中至多有有限多个素数,证明这时只有一种唯一的分法.

这题不容易,当时有两个人提供了正确的解答(两个解答迥然不同),其中一个是在下(参见拙著《趣味数论》的 8.20).

Erdös 关于除数函数还有一个著名的猜测,即有无穷多个正整数 $n$,使得

$$d(n)=d(n+1)$$

这猜测后来被 Heath-Brown 解决了,但 Erdös 随即提出一个更难的猜测:

数列 $\frac{d(n)}{d(n+1)}$ 的极限点应当在 $(0,+\infty)$ 中处处稠密,但当时只知道 $0,\infty$ 是极限点.

我与阚家海解决了这个问题，数学家 Hildebrand 的综合文章 *Erdös' Problems on Consecutive Integers* 评论说，“They give a full proof of the conjecture, and a far-reaching generalization of the Erdös-Mirsky conjecture, by showing that, for every positive rational mumber $r$, there are infinitely many $n$ with $\frac{d(n)}{d(n+1)}=r$.”

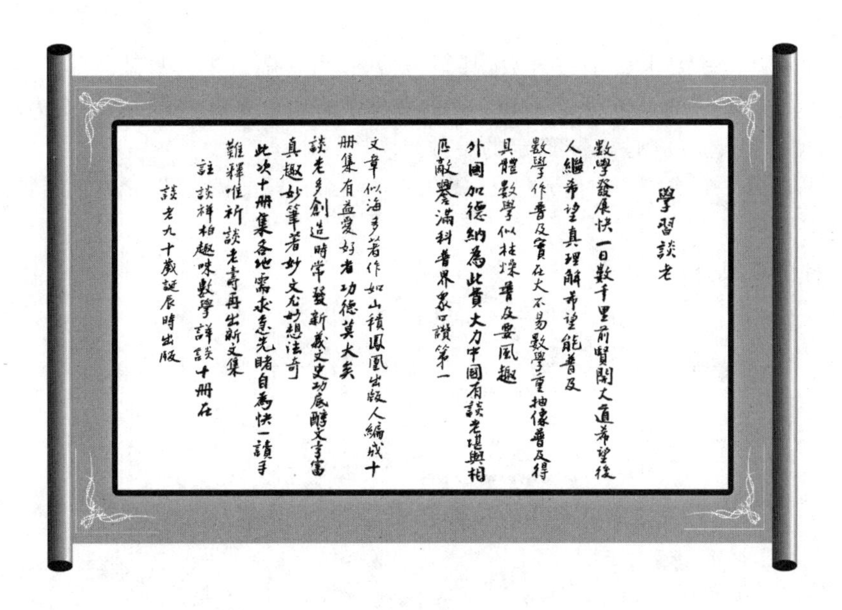

# 89. 题意不明

看到一道题.

已知 $x^2+15x+26$ 是平方数,求 $x$.

这道题,题意不清啊. 平方数,当然是整数的平方,但 $x$ 是什么数呢?

对任意一个平方数 $m^2$,方程

$$x^2+15x+26=m^2 \tag{1}$$

都有解,而且是实数解,解为

$$x=\frac{-15\pm\sqrt{121+4m^2}}{2} \tag{2}$$

做完了!

但命题者似乎要求 $x$ 为有理数,甚至为整数,可是题目未写清楚.

因为(1) 中 $x^2$ 的系数为 1,所以(1) 的有理数解也就是整数解. 问题变为求整数 $x$,使(1) 成立($m$ 是随 $x$ 而定的整数).

首先,$x=-2$ 或 $-13$ 时,$x^2+15x+26=0$,即 $m=0$. 以下设 $m$ 为正整数.

这有两种解法.

一种由求根公式(2) 得

$$121+4m^2=n^2$$

从而

$$(n+2m)(n-2m)=121$$

所以

$$\begin{cases}n+2m=121\\n-2m=1\end{cases}$$

解得

$$n=61,m=30$$

所以

$$x=23\text{ 或 }-38$$

另一种解法是由(1) 分解

$$(x+2)(x+13)=m^2 \tag{3}$$

最大公约数

$$(x+2,x+13)=(x+2,11)=1\text{ 或 }11$$

$x+2$ 与 $x+13$ 互质时

$$\begin{cases}x+2=a^2\\x+13=b^2\end{cases}\quad\text{或}\quad\begin{cases}x+2=-a^2\\x+13=-b^2\end{cases} \tag{4}$$

$a, b$ 为自然数，所以

$$11 = b^2 - a^2 \text{ 或 } 11 = a^2 - b^2$$

因为 $ab = m \neq 0$，从而 $b = 6, a = 5$ 或 $b = 5, a = 6$，因此，$x = 23$ 或 $-38$.

$(x + 2, x + 13) = 11$ 时

$$\begin{cases} x + 2 = 11a^2 \\ x + 13 = 11b^2 \end{cases} \text{ 或 } \begin{cases} x + 2 = -11a^2 \\ x + 13 = -11b^2 \end{cases}$$

导出 $a^2 - b^2 = \pm 1$. 因为 $ab = m \neq 0$，这时无解.

综上所述，本题的解 $x = -2, -13, 23, -38$.

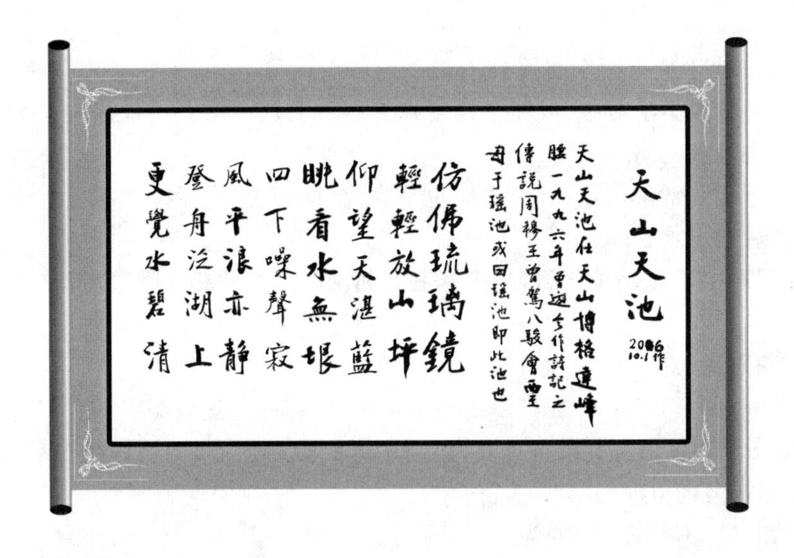

# 90. 标准化,具体化

设 $a>0, 12a+5b+12c>0$. 求证:方程

$$ax^2+bx+c=0 \tag{1}$$

在区间(2,3)上不能有两个实数根.

解这道题的第一步是"不妨设 $a=1$".

如果 $a\neq 1$,那么在方程(1)与已知不等式的两边同时除以 $a$,用 $1,\frac{b}{a},\frac{c}{a}$ 代替原先的 $a,b,c$ 即可. 这一步可称为"标准化".

于是问题变为:已知

$$12+5b+2c>0 \tag{2}$$

求证:方程

$$x^2+bx+c=0 \tag{3}$$

在区间(2,3)上不能有两个实数根.

(在今后的数学学习中,可能会经常遇到"不妨设"这三个字,把这三个字搞懂,可省去很多时间.)

证明"不能",常常用反证法,本题也是如此. 即假设(3)在(2,3)上有两个实数根,然后导出矛盾.

在这假设中,$c$ 是两根之积,当然为正,$b$ 是两根之和的相反数,应当有

$$-6<b<-4 \tag{4}$$

当然还有判别式非负,即

$$b^2\geqslant 4c \tag{5}$$

(确定 $b,c$ 的正负与范围很重要,因为不等式最要当心,两边同乘负数时,务必改变不等号的方向.)

为利用(5),不等式(2)变为

$$12+2c>-5b \tag{6}$$

两边平方(注意(6)的两边均正)得

$$(12+2c)^2>25b^2\geqslant 100c \quad (将(5)代入)$$

整理、化简得

$$c^2-13c+36>0 \tag{7}$$

即

$$c>9 或 c<4 \tag{8}$$

另一方面,$c$ 是两根之积,所以

$$4=2^2<c<3^2=9$$

这与(8)矛盾.

矛盾表明方程(1)在区间(2,3)上不能有两个实数根.

这里的解法很具体,没有利用什么函数 $f(x)$.

数学是抽象的,但不可一味地追求抽象.需知抽象乃从具体的象中抽出.初学者尤其需要多熟悉一些具体的象,具体的例子.才能真正弄清抽象的内容.

看到几份解答,我觉得很奇怪.怎么会想得那么抽象、复杂?失之过深,看来已成为一部分搞竞赛的师生的通病,不太好治了.

# 91. 优胜劣败

清末严复译赫胥黎的《天演论》(T. H. Huxley,1825—1895,*Evolution and Ethics*),抉出八个字“物竞天择,优胜劣败”,作为其核心思想.

数学题的解法,也应当择优.

上节说的题:

设 $a>0$,$12a+5b+2c>0$.求证:方程 $ax^2+bx+c=0$ 在区间(2,3)上不能有两个实数根.

这道题已见到6种解法,有4种用到插值公式,超出一般学生的知识范围,而且并未能一针见血,不值得提倡.

我自己的解法,见上节.原先证明 $4<c<9$ 较为麻烦,现在已改用韦达定理.其中(4)亦可去掉,根据韦达定理得 $b<0$ 就可以了.

严文兰的解法独特,简单,但不一定想得到,做法如下:设两根为 $x_1$,$x_2$,均在(2,3)内,则(仍设 $a=1$)

$$
\begin{aligned}
12+5b+2c &= 12-5(x_1+x_2)+2x_1x_2 \\
&= \frac{1}{2}(24-10(x_1+x_2)+4x_1x_2) \\
&= \frac{1}{2}((2x_1-5)(2x_2-5)-1)) \\
&\leqslant \frac{1}{2}(|2x_1-5|\cdot|2x_2-5|-1) \\
&< \frac{1}{2}(1\times1-1)=0
\end{aligned}
$$

与已知矛盾,所以区间(2,3)内不能有两个实数根.

# 92. 三次方程

解三次方程：

(i) $x^3-7x+6=0$；

(ii) $4y^3-7y+3=0$；

(iii) $z^3+9z^2+20z+12=0$.

三次方程虽有一般的解法，但中学（尤其初中）出现的三次方程通常可用因式分解解法.

(i) 中 $x=1$ 是一个根（$x^3-7x+6$ 的系数和为 0）

$$\begin{aligned} x^3-7x+6&=(x-1)(x^2+x-6)\\ &=(x-1)(x-2)(x+3)\end{aligned}$$

三个根为 $x=1,2,-3$.

(ii) 中 $4y^3-7y+3$ 的系数和为 0，$y=1$ 是一个根.

$$\begin{aligned} 4y^3-7y+3&=(y-1)(4y^2+4y-3)\\ &=(y-1)(2y-1)(2y+3)\end{aligned}$$

三个根为 $y=1,\dfrac{1}{2},-\dfrac{3}{2}$.

(iii) 中 $z=-1$ 是一个根.

$$(-1)^3+9+20\times(-1)+12=0$$

$$\begin{aligned} z^3+9z^2+20z+12&=(z+1)(z^2+8z+12)\\ &=(z+1)(z+2)(z+6)\end{aligned}$$

三个根为 $z=-1,-2,-6$.

(iii) 与 (i) 有联系

$$\begin{aligned} &z^3+9z^2+20z+12\\ =&(z+3)^3-7(z+3)+6\end{aligned}$$

令 $x=z+3$，则 (iii) 化为 (i).

这就是将一般形式的三次方程 $ax^3+bx^2+cx+d=0$，化为缺二次项的三次方程 $x^3+px+q=0$ 的方法，再向前一步，设 $x=u+v$，并令 $3uv+p=0$ 就可以产生著名的卡丹公式

$$x=\sqrt[3]{-\frac{q}{2}+\sqrt{\frac{q^2}{4}+\frac{p^3}{27}}}+\sqrt[3]{-\frac{q}{2}-\sqrt{\frac{q^2}{4}+\frac{p^3}{27}}}$$

卡丹公式在理论上、历史上均有重要意义. 但如果用它来解一个具体的三次方程，那就“悲剧”了.

例如(i) 中，将 $p=-7, q=6$ 代入卡丹公式得

$$x=\sqrt[3]{-3+\frac{10\mathrm{i}}{3\sqrt{3}}}+\sqrt[3]{-3-\frac{10\mathrm{i}}{3\sqrt{3}}}$$

但这 $\sqrt[3]{-3+\frac{10\mathrm{i}}{3\sqrt{3}}}$ 与 $\sqrt[3]{-3-\frac{10\mathrm{i}}{3\sqrt{3}}}$ 各是多少呢？

它们的和应当是 1，2，－3. 可一下子谁能看出？

# 93. 三次方程组

这次,我们来解一个三次方程组

$$\begin{cases} b^3 - 3bc^2 = -3 & (1) \\ 3b^2c - c^3 = \dfrac{10}{3\sqrt{3}} & (2) \end{cases}$$

解法当然不止一种.

由(1)得

$$c^2 = \frac{b^3 + 3}{3b} \tag{3}$$

由(2)得

$$c(3b^2 - c^2) = \frac{10}{3\sqrt{3}} \tag{4}$$

所以将(3)代入得

$$\frac{c}{b}(8b^3 - 3) = \frac{10}{\sqrt{3}} \tag{5}$$

平方得

$$c^2(8b^3 - 3)^2 = \frac{100b^2}{3} \tag{6}$$

将(3)代入(6),消去$c$,得

$$(b^3 + 3)(8b^3 - 3)^2 = 100b^3 \tag{7}$$

令$a = b^3$,则

$$64a^3 + 144a^2 - 235a + 27 = 0 \tag{8}$$

即(注意(8)的左边多项式系数和为0)

$$(a - 1)(8a - 1)(8a + 27) = 0$$

所以

$$a = 1, \frac{1}{8}, -\frac{27}{8}$$

即

$$b^3 = 1, \frac{1}{8}, -\frac{27}{8} \tag{9}$$

若$b^3 = 1$,则由(5)有

$$c = \frac{2}{\sqrt{3}}b$$

若 $b^3=\frac{1}{8}$,则由(5)有

$$c=-\frac{5}{\sqrt{3}}b$$

若 $b^3=-\frac{27}{8}$,则由(5)有

$$c=-\frac{1}{3\sqrt{3}}b$$

于是,方程组的实数解为

$$(b,c)=\left(1,\frac{2}{\sqrt{3}}\right),\left(\frac{1}{2},-\frac{5}{2\sqrt{3}}\right),\left(-\frac{3}{2},\frac{1}{2\sqrt{3}}\right)$$

全部解为

$$(b,c)=\left(1,\frac{2}{\sqrt{3}}\right),\left(\frac{1}{2},-\frac{5}{2\sqrt{3}}\right),\left(-\frac{3}{2},\frac{1}{2\sqrt{3}}\right),$$

$$\left(\omega,\frac{2}{\sqrt{3}}\omega\right),\left(\frac{\omega}{2},-\frac{5\omega}{2\sqrt{3}}\right),\left(-\frac{3\omega}{2},\frac{\omega}{2\sqrt{3}}\right),$$

$$\left(\omega^2,\frac{2}{\sqrt{3}}\omega^2\right),\left(\frac{\omega^2}{2},-\frac{5\omega^2}{2\sqrt{3}}\right),\left(-\frac{3\omega^2}{2},\frac{\omega^2}{2\sqrt{3}}\right)$$

其中 $\omega=e^{\frac{2\pi i}{3}}$.

又解 $(1)^2+(2)^2$,得

$$(b^2+c^2)^3=\left(\frac{7}{3}\right)^3$$

$$b^2+c^2=\frac{7}{3},\frac{7}{3}\omega,\frac{7}{3}\omega^2 \tag{10}$$

将 $3c^2=7-3b^2$ 代入(1),得

$$4b^3-7b+3=0 \tag{11}$$

分解为

$$(b-1)(b-\frac{1}{2})(b+\frac{3}{2})=0 \tag{12}$$

所以

$$b=1,\frac{1}{2},-\frac{3}{2}$$

相应地,由(5)得

$$c=\frac{2}{\sqrt{3}},-\frac{5}{2\sqrt{3}},\frac{1}{2\sqrt{3}}$$

$3c^2=7\omega-3b^2$ 时

$$3(\omega c)^2=7-3(\omega b)^2$$

将(12)中的 $b$ 改为 $\omega b$,得 $b=\omega^2$,$\frac{1}{2}\omega^2$,$-\frac{3}{2}\omega^2$ 及相应地 $c=\frac{2}{\sqrt{3}}\omega^2$,$-\frac{5}{2\sqrt{3}}\omega^2$,$\frac{1}{2\sqrt{3}}\omega^2$.

$3c^2=7\omega^2-3b^2$ 时,情况类似.

最后得出前一种解法中的 9 个解.

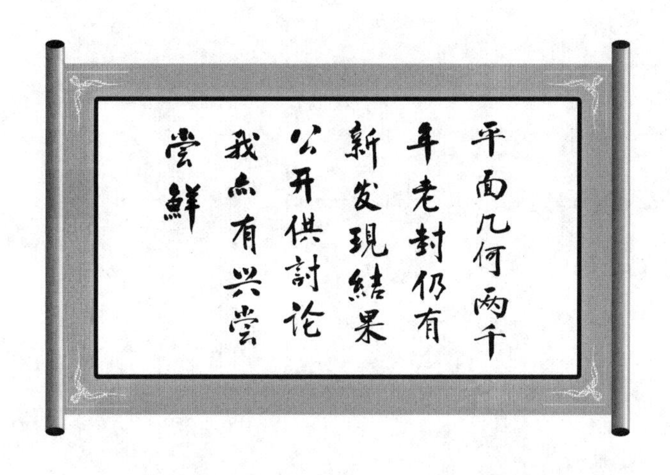

## 94. $\sqrt[3]{-3+\frac{10}{3\sqrt{3}}\mathrm{i}}=?$

这是上上节留下的问题.

首先,这里的$\sqrt[3]{x}$ 是多值的,即如果

$$(b+c\mathrm{i})^3=-3+\frac{10}{3\sqrt{3}}\mathrm{i}\quad (b,c\in R)\tag{1}$$

那么

$$\sqrt[3]{-3+\frac{10}{3\sqrt{3}}\mathrm{i}}=b+c\mathrm{i},(b+c\mathrm{i})\omega,(b+c\mathrm{i})\omega^2$$

其中 $\omega=\mathrm{e}^{\frac{2\pi\mathrm{i}}{3}}$.

我们只需求出一个 $b+c\mathrm{i}$,其余两个也立即得到.

为此,将(1) 两边三次方,并分开实部、虚部,得出

$$\begin{cases}b^3-3bc^2=-3\\3b^2c-c^3=\dfrac{10}{3\sqrt{3}}\end{cases}$$

在上一节已经得出

$$(b,c)=\left(1,\frac{2}{\sqrt{3}}\right),\left(\frac{1}{2},-\frac{5}{2\sqrt{3}}\right),\left(-\frac{3}{2},\frac{1}{2\sqrt{3}}\right)$$

不难验证,结果是正确的,例如

$$\left(-\frac{3}{2}+\frac{1}{2\sqrt{3}}\mathrm{i}\right)^3=-3+\frac{10}{3\sqrt{3}}\mathrm{i}$$

# 95. 导数是个好东西

大家都知道导数是个好东西(似有位俞可平写了一本《民主是个好东西》).

好东西应当用,举一个例子.

在 $\triangle ABC$ 中,证明

$$\frac{1}{\sin A}+\frac{1}{\sin B}+\frac{1}{\sin C}\geqslant\frac{1}{\cos\frac{A}{2}}+\frac{1}{\cos\frac{B}{2}}+\frac{1}{\cos\frac{C}{2}}\tag{1}$$

**解**　函数 $y=\frac{1}{\sin x}$ 是下凸函数($x\in(0,\pi)$):

$$y'=-\frac{\cos x}{\sin^2 x}$$

$$y''=\frac{\sin^2 x+2\cos^2 x}{\sin^3 x}>0$$

于是,由琴生不等式得

$$\frac{1}{2}\left(\frac{1}{\sin A}+\frac{1}{\sin B}\right)\geqslant\frac{1}{\sin\frac{A+B}{2}}=\frac{1}{\cos\frac{C}{2}}\tag{2}$$

类似地,还有另两个不等式,三式相加,即得(1).

这里所用知识是普通的,但又是极为有用的,学生应当学习这些知识,而不必学习过多的、特别的“技巧”.不少“技巧”其实并不触及问题的实质,也不具有普通意义,何巧之有?有点像政绩工程的花架子,华而不实.

**注**　如不用导数,由 Cauchy 不等式得

$$\frac{1}{\sin A}+\frac{1}{\sin B}\geqslant\frac{4}{\sin A+\sin B}=\frac{4}{2\sin\frac{A+B}{2}\cos\frac{A-B}{2}}\geqslant\frac{2}{\sin\frac{A+B}{2}}$$

亦可得式(2).这是深圳王扬老师的证法.

# 96. 当用普适的方法

在上节已经说过导数是个好东西，一元函数的极值利用导数来求是一条大道，简便而且普适（普遍适用）.

这里又有一道例题.

求 $y=3\sqrt{x+2}-\sqrt{x+1}$ 的最小值.

**解** $y'=\frac{1}{2}\left(\frac{3}{\sqrt{x+2}}-\frac{1}{\sqrt{x+1}}\right)$.

由 $y'=0$ 得 $9=1+\frac{1}{x+1}$，$x=-\frac{7}{8}$.

并且在 $x<-\frac{7}{8}$ 时，$y'<0$，$y$ 递减；在 $x>-\frac{7}{8}$ 时，$y'>0$，$y$ 递增，所以 $y$ 在 $x=-\frac{7}{8}$ 时取得最小值

$$3\sqrt{2-\frac{7}{8}}-\sqrt{1-\frac{7}{8}}=2\sqrt{2}$$

干净利落，很快解决问题.

不用导数的解法，煞费苦心，需要技巧，而又不具备普遍性，学生难以掌握.

既然微积分已经进入中学教材，我们的中学教师都学过微积分，为什么不用普适的微积分，非要寻找特殊的技巧呢？

令人不解.

# 97. 大路不走走小路,何必

一道清华大学的自招题

$x,y \in \mathbf{R}^{+}$,并且 $2x+y=1$,求 $x+\sqrt{x^2+y^2}$ 的最小值.

因为 $x,y \in \mathbf{R}^{+}$,并且 $2x+y=1$,所以 $0<x<\frac{1}{2}$,且

$$x+\sqrt{x^2+y^2}=x+\sqrt{x^2+(1-2x)^2}$$

这是一元函数在区间$\left[0,\frac{1}{2}\right]$上的极值问题,用导数处理最好.

$$\left(x+\sqrt{x^2+(1-2x)^2}\right)'=1+\frac{x-2(1-2x)}{\sqrt{x^2+(1-2x)^2}}=\frac{\sqrt{x^2+(1-2x)^2}+5x-2}{\sqrt{x^2+(1-2x)^2}}$$

由$\sqrt{x^2+(1-2x)^2}+5x-2=0$,得

$$x^2+(1-2x)^2=(2-5x)^2$$

整理得

$$20x^2-16x+3=0$$

解得

$$x=\frac{3}{10}\text{或}\frac{1}{2}$$

函数 $x+\sqrt{x^2+(1-2x)^2}$ 在 $x=\frac{3}{10}$ 时的值为$\frac{4}{5}$,在区间$\left[0,\frac{1}{2}\right]$的端点 0,$\frac{1}{2}$ 处的值均为 1,所以函数的最小值为$\frac{4}{5}$.

有人偏不用导数,挖空心思引入三角代换来解,何必呢?我已说过一次这类极值问题应当利用导数,总有人"大路不走走小路".

再举一例.

实数 $x,y$ 满足 $x^2+y^2=3$. 求$\frac{y}{x+2}$ 的最大值.

**解** $|x|\leqslant\sqrt{3}$,$x+2$ 为正,所以$\frac{y}{x+2}$ 在 $y$ 为正时才能取得最大值,因此可考虑$\frac{y^2}{(x+2)^2}$ 的最大值.

函数$\frac{3-x^2}{(x+2)^2}$ 的导数

$$\left(\frac{3-x^2}{(x+2)^2}\right)'=\frac{-(2x+3)}{(x+2)^3}$$

在 $x=-\frac{3}{2}$ 时为 0.

函数在 $x=-\frac{3}{2}$ 时的值为 3，在区间$[-\sqrt{3},\sqrt{3}]$ 端点的值为 0，所以 3 是 $\frac{3-x^2}{(x+2)^2}$ 的最大值.

$\frac{y}{x+2}$ 的最大值为$\sqrt{3}$，在 $x=-\frac{3}{2}$，$y=\frac{\sqrt{3}}{2}$ 时取得.

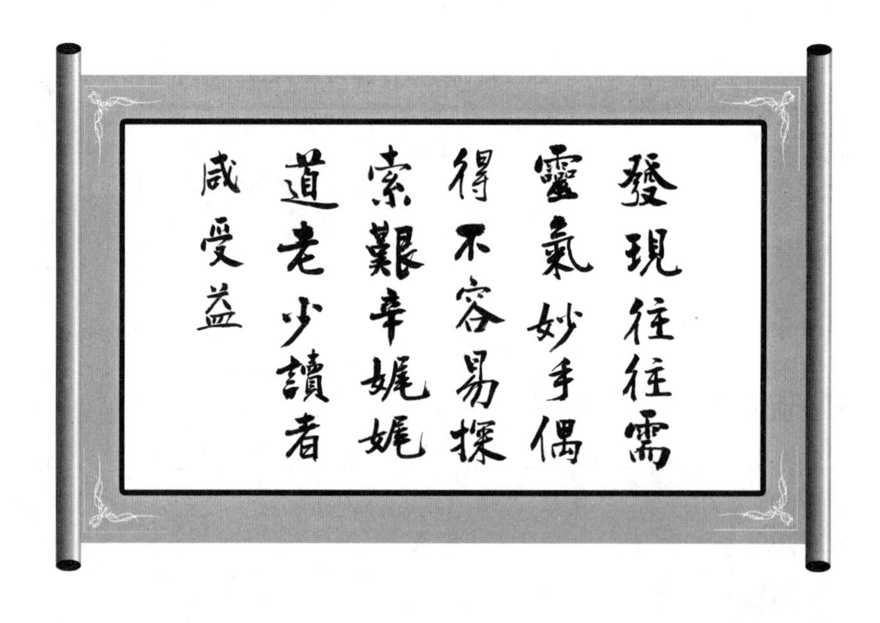

# 98. 大道好走

眼前有一条大道,不但平坦宽广,好走,而且看得到目标就在前面.

也有几条小路,不太好走,或许可抄近路,或许反而绕远,迂迴曲折,看不清楚.

走哪一条路?

当然走大道.

尤其开车的朋友,宁可远一些,只要好走,反省时间.

解题也是如此,有通用的、一般的方法,不必再苦心孤诣去想什么妙法.

请看一例:

已知 $x>0$, $y>0$,并且

$$\frac{8}{x^2}+\frac{1}{y}=1 \tag{1}$$

求 $x+y$ 的最小值.

这类问题用微积分最好.

中学生学过导数,求极值正是导数大显身手的地方.

首先,化为一元函数的最小值.

由(1),得

$$y=\frac{x^2}{x^2-8}=1+\frac{8}{x^2-8} \tag{2}$$

于是

$$x+y=x+1+\frac{8}{x^2-8}$$

已是一元函数.

需要注意其定义域,不仅有 $x>0$,而且式(1)中 $y>0$,所以

$$\frac{8}{x^2}<1$$

即

$$x^2>8 \tag{3}$$

求极值的通法是求导.我们有

$$\left(x+1+\frac{8}{x^2-8}\right)'=1-\frac{16z}{(x^2-8)^2}=\frac{(x^2-8)^2-16x}{(x^2-8)^2} \tag{4}$$

分母为正,分子

$$(x^2-8)^2-16x=x^4-16x^2-16x+64$$

$$=x^2(x-4)(x+4)-16(x-4)$$
$$=(x-4)(x^3+4x^2-16) \quad (5)$$

由于式(3)，$x^3+4x^2-16>0$，所以 $x=4$ 是导数的唯一零点，并且在 $x<4$ 时，导数为负，函数递减；$x>4$ 时，导数为正，函数递增，从而函数 $x+1+\frac{8}{x^2-8}$ 在 $x=4$ 时取得最小值 6，即 $x+y$ 的最小值为 6.

这种解法是正解，不用奇技淫巧，堂堂正正，而且不复杂，不艰难.

这道题不难，我写此文是想借这个例子再一次强调很多题目往往只有一种或一两种简单而且一般的解法，我称之为正解. 得到正解后，没有必要去找更多的解，尤其不要追求解的数量，寻找十几种，几十种，乃至上百种解.

寻找质量高的正解远比一题多解重要.

确实有很多人分不清解的好坏，而且特别坚持自己的并不高明的解法. 敝帚自珍亦是人之常情，但嗜痂成癖就不好了.

有些学生，在奥数方面成绩不错，甚至获得奖章，但在大学数学系却读得不好，原因当然需要具体分析. 其一可能就是他们过分热衷于解题，沉湎于解初等的题，用初等方法解题，他们固步自封，在应当大步向前的时候停了下来，原地盘旋，"雪拥蓝关马不前". 这是不妥的，也是很可惜的.

（拿起镜子照照，你自己好像也有这样的毛病与恶习，哈哈！）

想起我的朋友李克正，他在读高一的时候，就自学范德瓦尔登的《代数学》，后来在工厂当工人，但高考一恢复，他就去考研究生，后来被复旦大学与中国科学技术大学两所大学录取.

我们有多余的时间，不要老想一题多解，而应多读点书，数学博大精深，需要学的东西太多了.

特别是年轻人，应趁年轻多学点真正的数学.

最后，回到开始所说的，解题还是走阳关大道为好，不要老在崎岖小路上爬行.

# 99. 恒成立

设对 $x \in (0, +\infty)$,不等式

$$x^2 e^x - 2\ln x - ax - 1 \geqslant 0 \tag{1}$$

恒成立,求 $a$ 的范围.

陈凌燕的《了解命题套路再解题》一文中,非常高明地指出这题源自著名的不等式

$$e^t \geqslant t + 1 \tag{2}$$

所以(取 $t = 2\ln x + x$),对 $x \in (0, +\infty)$,恒有

$$x^2 e^x - 2\ln x - x - 1 = e^{2\ln x + x} - 2\ln x - x - 1 \geqslant 0$$

亦即在 $a \leqslant 1$ 时,式(1)(对 $x \in (0, \infty)$)恒成立.

当 $a > 1$ 时,又如何呢?仍可沿袭上述思路.

注意

$$2\ln x + x = 0 \tag{3}$$

在 $(0, +\infty)$ 中有唯一解 $x_0$.(图像上一目了然:直线 $y = -x$ 与 $y = 2\ln x$ 有唯一交点,或根据连续函数 $2\ln x + x$,在 $x$ 由 0 增至 $+\infty$ 时,函数值由 $-\infty$ 单调严格递增至 $+\infty$,所以有唯一零点.)而在 $x = x_0$ 时

$$\begin{aligned} & x^2 e^x - 2\ln x - ax - 1 \\ = & x^2 e^x - 2\ln x - x - 1 - (a-1)x \\ = & -(a-1)x < 0 \end{aligned} \tag{4}$$

因此,$a > 1$ 不符合要求.答案为 $a \leqslant 1$.

以上解法紧紧抓住一个“恒”字.举出一个例子($x = x_0$)即得出 $a$ 不能大于 1.

顺便说一下,现在高考有一些涉及微积分的题,有些难度过大(要设辅助函数,反复求导),即使大学生也未必能做.这样的题实在不宜出.作为对照的是国外的一些考题,往往只涉及基本思想、方法,不在技巧上过分刁难.或许对进一步学习数学更为有利.

过分“钻研”技巧,说不定钻进了蜗角,而忽略了浩瀚的宇宙.

# 100. 左传波的一个题

得天下英才而育之，一乐也.

左君传波是我二十多年前的学生，现在在推广数学实验室，卓有成效.

下面是他问我的一道题.

已知 $1 < a < e^{e^{-1}}$，求证：$1 + 2\ln a\ln(\ln a) > 0$.

**证明** 令 $b = (\ln a)^{-1}$. 由已知得

$$\ln a < e^{-1}$$

所以

$$b > e \tag{1}$$

而在 $x > e$ 时

$$(x - 2\ln x)' = 1 - \frac{2}{x} > 1 - \frac{2}{e} > 0$$

所以 $x - 2\ln x$ 递增，且

$$b - 2\ln b > e - 2\ln e = e - 2 > 0 \tag{2}$$

$$\begin{aligned}&1 + 2\ln a\ln(\ln a)\\ =&1 - \frac{2}{b}\ln b = \frac{1}{b}(b - 2\ln b) > 0\end{aligned}$$

题中不等式的系数 2 可改进为 e(证明不变)，即 $1 + e\ln a\ln(\ln a) > 0$，这也就是 $e^b > b^e (b > e)$.

# 101. 指数增长

$a>1$. 证明一定存在一个实数 $M$,当 $x>M$ 时

$$a^x > x \tag{1}$$

这道题当然得利用导数.

$$(a^x - x)' = a^x \log a - 1 \quad (\log \text{即} \ln)$$

在 $x = \dfrac{-\log\log a}{\log a}$ 时,导数为 0,函数 $a^x - x$ 有最小值,最小值为 $\dfrac{1+\log\log a}{\log a}$.

于是,在 $1+\log\log a>0$,即 $a>e^{e^{-1}}$ 时,恒有(1).

在 $a=e^{e^{-1}}$ 时,不等式(1) 亦成立,仅在 $x=e$ 时为等式.

在 $a<e^{e^{-1}}$ 时,可取 $M=\dfrac{1}{\log^2 a}$. 因为 $x>M$ 时

$$\begin{aligned}(a^x - x)' &= a^x \log a - 1\\ &> a^M \log a - 1\\ &= e^{\frac{1}{\log a}} \log a - 1 > 0\end{aligned}$$

所以 $a^x - x$ 递增.

$$\begin{aligned}a^x - x > a^M - M &= e\\ &= e^{\frac{1}{\log a}} - \frac{1}{\log^2 a} > 0\end{aligned}$$

($x \geqslant 1$ 时,$e^x > x^2$,而$\dfrac{1}{\log a} > \dfrac{1}{\log e^{e^{-1}}} = e > 2$) 即 $x>M$ 时,恒有(1).

当然 $M$ 不是唯一的. 对具体的 $a$,可用牛顿方法等定出 $M$ 的最小值,但无此必要. 上面给出的 $M$,可能是形式最为简单的一个.

# 102. 多项式恒等定理的又一应用

在 16 节“难以置信的恒等式”中，介绍了一个恒等式

$$\sum_{(a,b,c)} \frac{(x-b)(x-c)}{(a-b)(a-c)}=1 \tag{1}$$

显然(1) 可以推广到 $n(n>1)$ 个字母 $x_1,x_2,\cdots,x_n$，即

$$\sum \frac{(x-x_2)(x-x_3)\cdots(x-x_n)}{(x_1-x_2)(x_1-x_3)\cdots(x_1-x_n)}=1 \tag{2}$$

这里求和是对 $x_1,x_2,\cdots,x_n$ 轮换所得 $n$ 个式子求和.

昨天看到一道题.

证明：如果多项式 $P(x)$ 的次数 $n>1$，有 $n$ 个不同的非零根 $x_1,x_2,\cdots,x_n$，那么

$$\sum_{k=1}^{n} \frac{1}{x_k^2 P'(x_k)}=\left(\sum_{k=1}^{n} \frac{1}{x_k}\right)\left(\sum_{k=1}^{n} \frac{1}{x_k P'(x_k)}\right) \tag{3}$$

这里 $P'(x_1)=a(x_1-x_2)(x_1-x_3)\cdots(x_1-x_n)$，等等.

不妨设 $a=1$.

显然(3) 可由下面两个恒等式推出

$$\sum \frac{(-1)^{n-1}x_1x_2x_3\cdots x_n}{x_1P'(x_1)}=1 \tag{4}$$

$$\sum \frac{(-1)^{n-1}x_1x_2x_3\cdots x_n}{x_1^2P'(x_1)}=\sum \frac{1}{x_1} \tag{5}$$

(4) 可由(2) 令 $x=0$ 立即得到.

(5) 需利用与(2) 类似的($x_0,x_1,\cdots,x_n$ 轮换)

$$\sum \frac{(x-x_1)(x-x_2)\cdots(x-x_n)}{(x_0-x_1)(x_0-x_2)\cdots(x_0-x_n)}=1 \tag{6}$$

其中 $x_0$ 是与 $x_1,x_2,\cdots,x_n$ 不同的数，本题就取 $x_0=0$. 在(6) 两边分别求导数，再令 $x=0$(当然 $x_0$ 也是 0)，左边第一项成为($q$ 由 $x_1,x_2,\cdots,x_n$ 中每次取 $n-1$ 个相乘，再将积相加而得)

$$\frac{(-1)^{n-1}q}{(-1)^n x_1x_2\cdots x_n}=-\sum \frac{1}{x_1}$$

其余的项为

$$\sum \frac{(0-x_2)(0-x_3)\cdots(0-x_n)}{x_1(x_1-x_2)(x_1-x_3)\cdots(x_1-x_n)}=\sum \frac{(-1)^{n-1}x_1x_2\cdots x_n}{x_1^2P'(x_1)}$$

于是(5) 成立.

见到肖盛鹏老师的解法. 以上解法与他的解法实际上是一样的.

# 103. 微积分担大轴

微积分进入中学教材后，高考题中也会出现有关的试题，而且往往是大轴题（倒数第一题）或压轴题（倒数第二题）. 高中数学练习题中也出现了不少与微积分有关的题，值得讨论.

**例** 已知函数 $f(x)=\dfrac{\ln x}{x}$.

(i) 求实数 $a$ 的取值范围，使得 $f(x)=a$ 有两个根.

(ii) 当 $f(x)=a$ 有两个根 $x_1, x_2$ 时，求证

$$x_1+x_2>2\mathrm{e} \tag{1}$$

先看第(i)题.

可以选择一下函数，$f(x)=\dfrac{\ln x}{x}$ 的分母含有 $x$，求导不太方便，不如改用函数

$$g(x)=\ln x-ax \quad (x\in(0,+\infty)) \tag{2}$$

问题即求 $a$ 的取值范围，使得函数 $g(x)$ 恰有两个零点.

$$g'(x)=\frac{1}{x}-a$$

若 $a\leqslant 0$，则 $g'(x)>0$，$g(x)$ 严格递增，不可能有两个零点，因此，必有 $a>0$.

在 $\left(0,\dfrac{1}{a}\right)$ 上，$g'(x)>0$，$g(x)$ 严格递增.

在 $\left(\dfrac{1}{a},+\infty\right)$ 上，$g(x)$ 严格递减.

$$g\left(\frac{1}{a}\right)=\ln\frac{1}{a}-1 \tag{3}$$

是 $g(x)$ 的最大值. 这个最大值必须大于 0（若小于 0，则 $g(x)$ 无零点；若等于 0，则 $g(x)$ 仅有一个零点），即必须有

$$\ln\frac{1}{a}-1>0$$

从而

$$0<a<\frac{1}{\mathrm{e}} \tag{4}$$

(4) 是 $a$ 需满足的必要条件.

(4) 也是充分条件. 因为在(4) 成立时，$g(x)$ 在 $\left(0,\dfrac{1}{a}\right)$ 上严格递增，在 $\left(\dfrac{1}{a},\right.$

$+\infty)$ 上严格递减，$g(\frac{1}{a})>0$，所以在 $(0,+\infty)$ 上，$g(x)$ 至多两个零点. 只需证明 $g(x)$ 在 $(0,\frac{1}{a})$ 与 $(\frac{1}{a},+\infty)$ 上均可取负值，则由介值定理，$g(x)$ 恰有两个零点 $x_1,x_2$，其中 $x_1\in(0,\frac{1}{a})$，$x_2\in(\frac{1}{a},+\infty)$.

显然 $x=1$ 时，$g(x)=-a<0$，所以 $x_1$ 存在且

$$x_1>1 \tag{5}$$

因为 $x\to+\infty$ 时，$x$ 是比 $\ln x$ 高阶的无穷大，所以

$$\lim_{x\to+\infty}\frac{x}{\ln x}=+\infty$$

因此在 $x$ 充分大时，$\ln x<ax$，即零点 $x_2$ 存在.

至此(i) 已完成. 如果对 $x_2$ 的范围不是很满意，还可定出它的一个具体的上限

$$x_2<\frac{1}{a^2} \tag{6}$$

事实上，在 $x>e^2$ 时，$\ln x-\sqrt{x}$ 递减

$$((\ln x-\sqrt{x})'=\frac{1}{x}-\frac{1}{2\sqrt{x}}<\frac{1}{e\sqrt{x}}-\frac{1}{2\sqrt{x}}<0)$$

所以

$$g(\frac{1}{a^2})=\ln\frac{1}{a^2}-\frac{1}{a}<\ln e^2-e=0$$

即(6) 成立.

(i) 是微积分的常规题，(ii) 则难得多，不在寻常的套路中，我见到两个解答，均不甚佳.

这问宜画一个简单的图来说明(图 1).

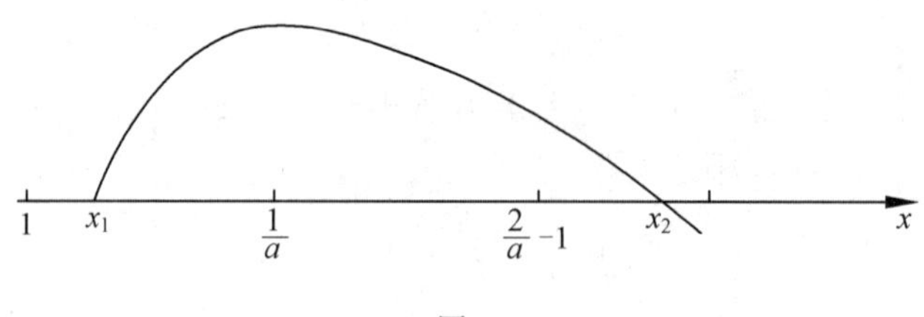


图 1

在 $x=\frac{1}{a}$ 时，$\ln x-ax$ 达到最大值.

零点 $x_1>1$.

我们证明零点

$$x_2 > \frac{2}{a} - 1 \tag{7}$$

为此只需证明 $g(\frac{2}{a}-1) > 0$. 事实上

$$\begin{aligned} g(\frac{2}{a}-1) &= \ln(\frac{2}{a}-1) - a(\frac{2}{a}-1) \\ &= \ln\frac{2-a}{a} - (2-a) \\ &> \frac{2-a}{a} - 1 - (2-a) \quad (\text{熟知 } \ln(1+x) > x) \\ &= \frac{1}{a}(2-4a+a^2) \\ &> \frac{1}{a}(2-4a) > \frac{1}{a}(2-\frac{4}{\mathrm{e}}) > 0 \end{aligned}$$

所以(7) 成立.

$$x_1 + x_2 > x_1 + \frac{2}{a} - 1 > \frac{2}{a} > 2\mathrm{e}$$

# 104. 编题易,解题难

我一向认为编题易,解题难.

下面就是现编的题,如在五天内解出,奖 100 元.

求证:没有自然数同时出现在以下三个数列中(0 当然不是自然数).

$\{x_n\}$:0,1,4,15,…,$x_n=4x_{n-1}-x_{n-2}$($n=2,3,\cdots$).

$\{y_n\}$:0,2,12,70,…,$y_n=6y_{n-1}-y_{n-2}$($n=2,3,\cdots$).

$\{z_n\}$:0,2,20,198,…,$z_n=10z_{n-1}-z_{n-2}$($n=2,3,\cdots$).

这道题在短短几天内,只收到余红兵教授发给我的 e-mail,其中有解答. 但奖金不能给他,因为解答不是他做的. 它是一篇文章,名为

*Simultaneous Pell Equations*

载于 1996 年 1 月的 Mathematics of Computation,355 - 359,作者 Anglin.

主要结论是"在 $R<S<200$ 时,设 Pell 方程

$$x^2-ky^2=1 \text{ 的解为}(x_n,y_n)$$

$$z^2-su^2=1 \text{ 的解为}(z_m,u_m)$$

则在 $m,n>2$ 时,$\{y_n\}$ 与 $\{u_m\}$ 无相同项. 也就是 $x^2-Ry^2=1$ 与 $z^2-5y^2=1$ 无公共解,除非是第一个的 $y_1,y_2$ 或第二个的 $y_1,y_2$. 而且在 $m,n$ 有一个大于 2 时,仅在 $R=3,S=176$ 时,有公共解,即

$$x^2-3y^2=1,x^2-176y^2=1$$

有一组 $y$ 相同的解(一个不难的问题:谁能找出来?)"

Davenport 早就指出 $x^2-11y^2=1$ 与 $x^2-56y^2=1$ 有一组 $y$ 相同的解(谁能找出来?).

开余红兵教授一个玩笑,如觉得不当,可中止一切往来,但坚决不道歉,哈哈!

**注** $26^2-3\times15^2=1,199^2-176\times15^2=1,199^2-11\times60^2=449^2-56\times60^2=1$.

# 105. 从简单的做起

**例** $a_1,a_2,\cdots,a_n$ 是 $1,2,\cdots,n$ 的一个排列. 如果对所有的 $k(1\leqslant k\leqslant n)$，均有 $a_1+a_2+\cdots+a_k$ 被 $k$ 整除，那么 $a_1,a_2,\cdots,a_n$ 就称为奇异的.

(a) 证明对 $n=2\ 018$，没有奇异的排列.

(b) 对 $n=2\ 019$，是否有奇异的排列？

本题的(a) 不难，由

$$1+2+\cdots+2\ 008=2\ 009\times 1\ 004$$

不被 2 008 整除，立即得出结论(似乎是一个常见的老方法)，而且不难推而广之，由

$$1+2+\cdots+2m=m(2m+1)$$

不被 $2m$ 整除，立即得出 $n$ 为偶数时，没有奇异的排列.

(b) 稍难. 因为

$$1+2+\cdots+2\ 019=2\ 019\times 1\ 010$$

被 2 019 整除，所以不能立即得出没有奇异排列的结论，而且题目没有表明是有还是没有.

如果有，应当构造一例(要对所有的 $k=1,2,\cdots,n$，均成立，不容易做到). 如果没有，仍应当用反证法，但也需要更细致的分析.

于是，像那位丹麦王子一样.

Be or not to be ,this is a question.

怎么办？

华罗庚先生说得好："善于'退'，足够地'退'，退到原始而不失去重要性的地方，是学好数学的一个诀窍！"

我们就一直退到 $n=1$. 显然，当 $n=1$ 时，就是奇异排列.

$n=2,4$ 均没有奇异排列. 当 $n=3$ 时

$$1,3,2 \text{ 或 } 3,1,2$$

是奇异排列，当 $n=5$ 时

$$1+2+3+4+5=15$$

被 5 整除，而前 4 项的和

$$a_1+a_2+a_3+a_4=15-a_5$$

应被 4 整除，所以 $a_5=3$(唯一的选择).

前 3 项的和

$$a_1+a_2+a_3=15-3-a_4=12-a_4$$

应被 3 整除，这时也只有 $a_4=3$ 才行，但 3 不能既是 $a_4$，又是 $a_5$，所以这时奇异排列不存在.

现在，回到 2 019，或者胆子大一些，索性考虑一切大于 3 的奇数 $2m+1$ $(m\geqslant 2)$，这时

$$a_1+a_2+\cdots+a_{2m}=(m+1)(2m+1)-a_{2m+1}\equiv 0(\bmod 2m)$$

即

$$a_{2m+1}\equiv m+1(\bmod 2m)$$

从而(因为 $a_{2m+1}\in\{1,2,\cdots,2m+1\}$)

$$a_{2m+1}=m+1$$

$$\begin{aligned}a_1+a_2+\cdots+a_{2m-1}&=(m+1)(2m+1)-(m+1)-a_{2m}\\&=2m(m+1)-a_{2m}\equiv 0(\bmod 2m-1)\end{aligned}$$

同样

$$a_{2m}\equiv m+1(\bmod 2m-1)$$

$$a_{2m}=m+1$$

但 $a_{2m}$，$a_{2m+1}$ 不能均为 $m+1$. 因此，奇异排列不存在.

于是，结论仅在 $n=1,3$ 时，有奇异排列存在.

本题表明“从简单的做起”是一个有用的方法. 不少人遇到障碍，题解不出，不知道先“退到原始而不失去重要性的地方”. 退一步，海阔天空啊！

# 106. 不要舍近求远

与准备参加冬令营的江苏省集训队队员讨论了几道题.

下面这道原为加拿大 2018 年 Euclid Centest 的第 10 题.

设数表(两行,每行两端延伸至无穷)

$$\cdots A_{-2}A_{-1}A_0A_1A_2\cdots$$
$$\cdots B_{-2}B_{-1}B_0B_1B_2\cdots$$

中的数都是正实数.

如果每一个都是相邻的三个数的平均数(例如 $A_0=\frac{1}{3}(A_{-1}+B_0+A_1)$, $B_0=\frac{1}{3}(B_{-1}+A_0+B_1)$). 求证:表中的数都相等.

如果表中的数都是自然数,那么由最小数原理可知表中必有一数最小,不妨设 $A_0=a$ 最小.

由

$$A_0=\frac{1}{3}(A_{-1}+B_0+A_1)$$

立得

$$A_{-1}=B_0=A_1=A_0=a$$

同理

$$B_{-1}=A_0=B_1=B_0=a$$

然后

$$A_2=3A_1-B_1-A_0=a$$
$$B_2=3B_1-A_1-B_0=a$$

依此类推,表中一切数皆相等.

如果表中的数都是正实数,那么不能肯定其中必有最小的(或最大的).

有同学考虑数列

$$C_n=A_n+B_n\quad(n=0,\pm1,\pm2,\cdots)$$

由

$$3A_n=A_{n-1}+B_n+A_{n+1}$$
$$3B_n=B_{n-1}+A_n+B_{n+1}$$

相加得

$$3C_n=C_{n-1}+C_n+C_{n+1}$$

从而

$$2C_n = C_{n-1} + C_{n+1}$$

即$\{C_n\}$是等差数列.

如果公差 $d > 0$,那么在 $n \to +\infty$ 时

$$C_{-n} = C_0 - nd \to -\infty$$

与 $C_{-n} = A_{-n} + B_{-n} > 0$ 矛盾.

同样 $d < 0$ 时,$C_n \to -\infty$ 也导致矛盾.

因此 $d = 0$,$A_n + B_n = C_n$ 是常数数列.

做到这里都很好,但接下去,有的同学又考虑一些新数列,如 $A_n - B_n$,$A_n - \frac{C_n}{2}$,$B_n - \frac{C_n}{2}$,等等(Euclid Contest 原来的解答也是如此).

这就舍近求远了!

其实现在已不难得出结果,不需要再引入更复杂的数列.

做法如下.

考虑表中 $2\times3$ 的区块,每个区块中的6个数必有一个最小的.(用最大的也同样可做).

(1) 最小的在中间一列.

不失一般性,可设区块

$$\begin{matrix} A_{-1} & A_0 & A_1 \\ B_{-1} & B_0 & B_1 \end{matrix}$$

中 $A_0$ 最小.

用开始说的方法及 $A_n + B_n$ 为常数,可得这个区块中6个数全相等,继而区块链中所有的数都相等.

(2) 最小的都不在中间一列.

不妨设上面 $2\times3$ 的区块中,$A_1$ 最小,$A_0$ 不是最小,从而设 $A_1 = a$,$A_0 = a + d(d > 0)$,$B_1 \geqslant a$.

这时 $A_2 = 3A_1 - B_1 - A_0 \leqslant 2A_1 - A_0 \leqslant a - d$.

因为和 $A_2 + B_2 = A_1 + B_1 \geqslant 2a$,所以

$$B_2 \geqslant a + d$$

依此类推,$A_3 \leqslant a - 2d$,$B_3 \geqslant a + 2d$,…,得出 $A_n \to -\infty$,矛盾.

平时我们找东西,那要找的东西往往就在我们身边,不要舍近求远(至少也应先从身边找起).问题的答案,往往就在我们身边,甚至近在咫尺,不必舍近求远.这也是一种数学的感觉.

当然,也有时答案在远方,需要我们走很远,我们也有走很远的准备与毅力.

这次还讨论了一些题,例如:

对于 1,2,…,200 的任一排列 $a_1,a_2,\cdots,a_{200}$,作和

$$|a_1-a_2|+|a_3-a_4|+\cdots+|a_{199}-a_{200}|$$

这样的和有 200！个,它们的平均数是多少？

不容易做对,不信？试一试！

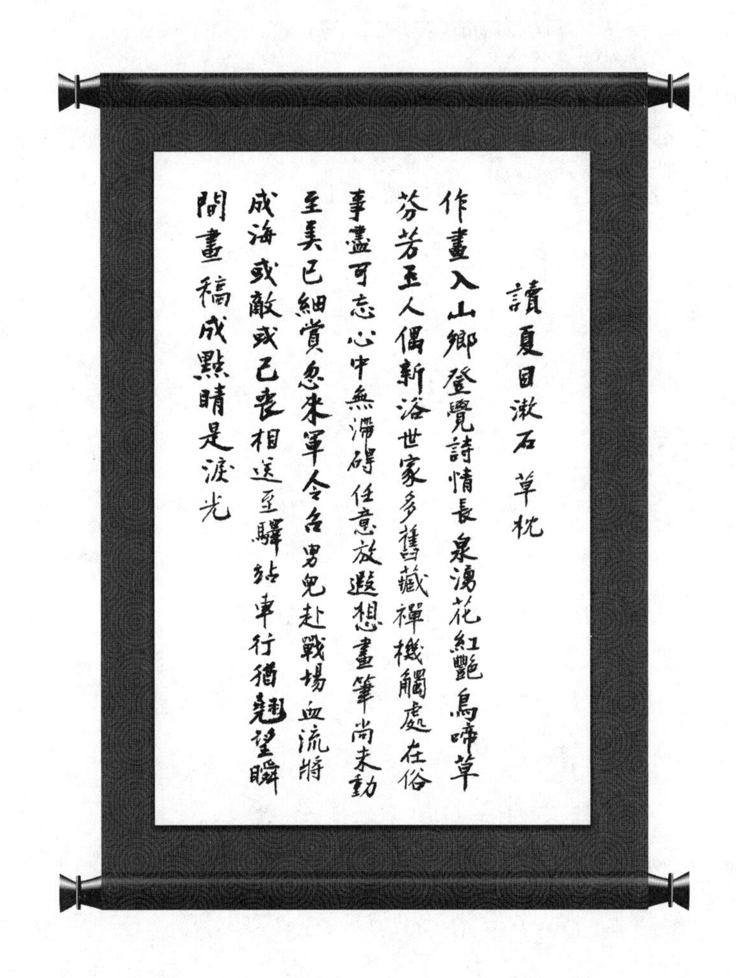

# 107. 复数与几何

设点 $P$ 为 $\triangle ABC$ 内一点，点 $P$ 到各边的垂线，垂足分别为 $D,E,F$. 求 $\odot DEF$ 的半径 $\rho$.

这种问题应当有人做过，但我却未查到，只得自己做一遍，我的结论是

$$\rho=\frac{1}{2R}\sqrt{(R^2-OP^2)(R^2-OQ^2)+R^2\times PQ^2}$$

其中，$R$ 为外接圆半径，点 $Q$ 为点 $P$ 的等角共轭点.

采用复数，不妨设点 $O$ 为原点，$R=1$，各点的复数表示即本身的字母.

首先$\frac{D-B}{C-B}$是实数，$\frac{D-P}{C-B}$是纯虚数，所以

$$\frac{D-B}{C-B}=\frac{\overline{D}-\overline{B}}{\overline{C}-\overline{B}},\frac{D-P}{C-B}=-\frac{\overline{D}-\overline{P}}{\overline{C}-\overline{B}}$$

相加得

$$2D=B+P+\frac{C-B}{\overline{C}-\overline{B}}(\overline{P}-\overline{B})=B+C+P-\overline{P}BC \tag{1}$$

又由等角共轭性质得

$$\frac{P-A}{\overline{P}-\overline{A}}\cdot\frac{Q-A}{\overline{Q}-\overline{A}}=A^2BC \tag{2}$$

从而

$$P+Q-A-B-C=-ABC\overline{PQ} \tag{3}$$

熟知 $\odot DEF$ 的图心是 $PQ$ 的中点，所以

$$\begin{aligned}
2\rho&=|P+Q-2D|=|Q-B-C+\overline{P}BC|\\
&=\left|\frac{\overline{Q}-\overline{C}}{P-C}(\overline{P}-\overline{C})C^2AB+\overline{P}BC-B\right|\\
&=\left|BC\cdot\frac{\overline{P}-\overline{C}}{P-C}\right|\times|(\overline{Q}-\overline{C})CA+P-C|\\
&=|\overline{Q}CA-C+P-A|\\
&=|Q-B+ABC\overline{Q}(\overline{P}-\overline{B})|\\
&=\left|AB^2C\cdot\frac{\overline{P}-\overline{B}}{P-B}(\overline{Q}-\overline{B})+ABC\overline{Q}(\overline{P}-\overline{B})\right|\\
&=|B(\overline{Q}-\overline{B})+\overline{Q}(P-B)|=|\overline{Q}P-1|
\end{aligned}$$

$$\rho=\frac{1}{2R}\sqrt{(R^2-OP^2)(R^2-OQ^2)+R^2\times PQ^2}$$

# 108. 最小距离比最大距离

平面上任意 9 个点,证明其中任两点距离的最小值:最大值 $\leqslant \frac{\sqrt{2}}{3}$.

这道题载于我写的《组合几何》(中国科学技术大学出版社第 2 版,p. p. 182 − 183).

原解法是尚强提供的. 最近我去深圳科学高中,尚校长告诉我,图可能不准($\odot O_4$ 不过 4 个交点). 证明需作修改. 原来写得过略,现在稍作修改,但思路不变.

如图 1,不妨设 9 个点为 $P_i(1 \leqslant i \leqslant 9)$,最大距离 $P_1P_2 = 1$(图中 10 cm),则 $P_i$ 均在 $\odot(P_1,1) \cap \odot(P_2,1)$ 这一月形中.

作 $\odot\left(P_1,\frac{\sqrt{2}}{3}\right)$,$\odot\left(P_2,\frac{\sqrt{2}}{3}\right)$,与前两个圆围成曲边形 $\Gamma$,其余 7 个 $P_i$ 均在 $\Gamma$ 中,否则结论已经成立. 不妨设 7 点中有 4 个点在直线 $P_1P_2$ 的上方,即 $\Gamma$ 的上半部.

如果 4 个直径为 $\frac{\sqrt{2}}{3}$ 的圆可以覆盖 $\Gamma$ 的上半部,那么由于每个圆中仅能有一个 $P_i$(否则结论已经成立),所以 $\Gamma$ 的上半部恰有 4 个点 $P_i$.

以直线 $P_1P_2$ 为 $x$ 轴,线段 $P_1P_2$ 的中垂线为 $y$ 轴. 作 $\odot\left(O_3,\frac{\sqrt{2}}{6}\right)$,点 $O_3$ 在 $y$ 轴上,纵坐标

$$OO_3 = \sqrt{\left(\frac{\sqrt{2}}{6}\right)^2 - \left(\frac{1}{2} - \frac{\sqrt{2}}{3}\right)^2} = 0.233\ 96\cdots$$

$\odot O_3$ 过 $\odot\left(P_1,\frac{\sqrt{2}}{3}\right)$,$\odot\left(P_2,\frac{\sqrt{2}}{3}\right)$ 与 $x$ 轴的交点.

设 $\odot O_3$ 交 $\odot\left(P_1,\frac{\sqrt{2}}{3}\right)$,$\odot\left(P_2,\frac{\sqrt{2}}{3}\right)$ 于点 $Q_1$,$Q_2$. $Q_1Q_2$ 交 $y$ 轴于点 $Q$,$\odot O_3$,点 $Q$,$Q_1$,$Q_2$ 关于 $x$ 轴对称得 $\odot O_7$,点 $Q'$,$Q'_1$,$Q'_2$.

在 $y$ 轴上取点 $R$,$O_6$,使 $RQ' = 1$,$RO_6 = \frac{\sqrt{2}}{6}$.

$\odot\left(O_6,\frac{\sqrt{2}}{6}\right)$ 中的点到 $Q'_1Q'_2$ 的距离 $\geqslant RQ' = 1$.

因此,如果 $\odot O_6$ 中有一点 $P_6$,那么 $\Gamma$ 下半部的点只能在 $\odot O_7$ 中,从而其中有两点距离 $\leqslant \frac{\sqrt{2}}{3}$.

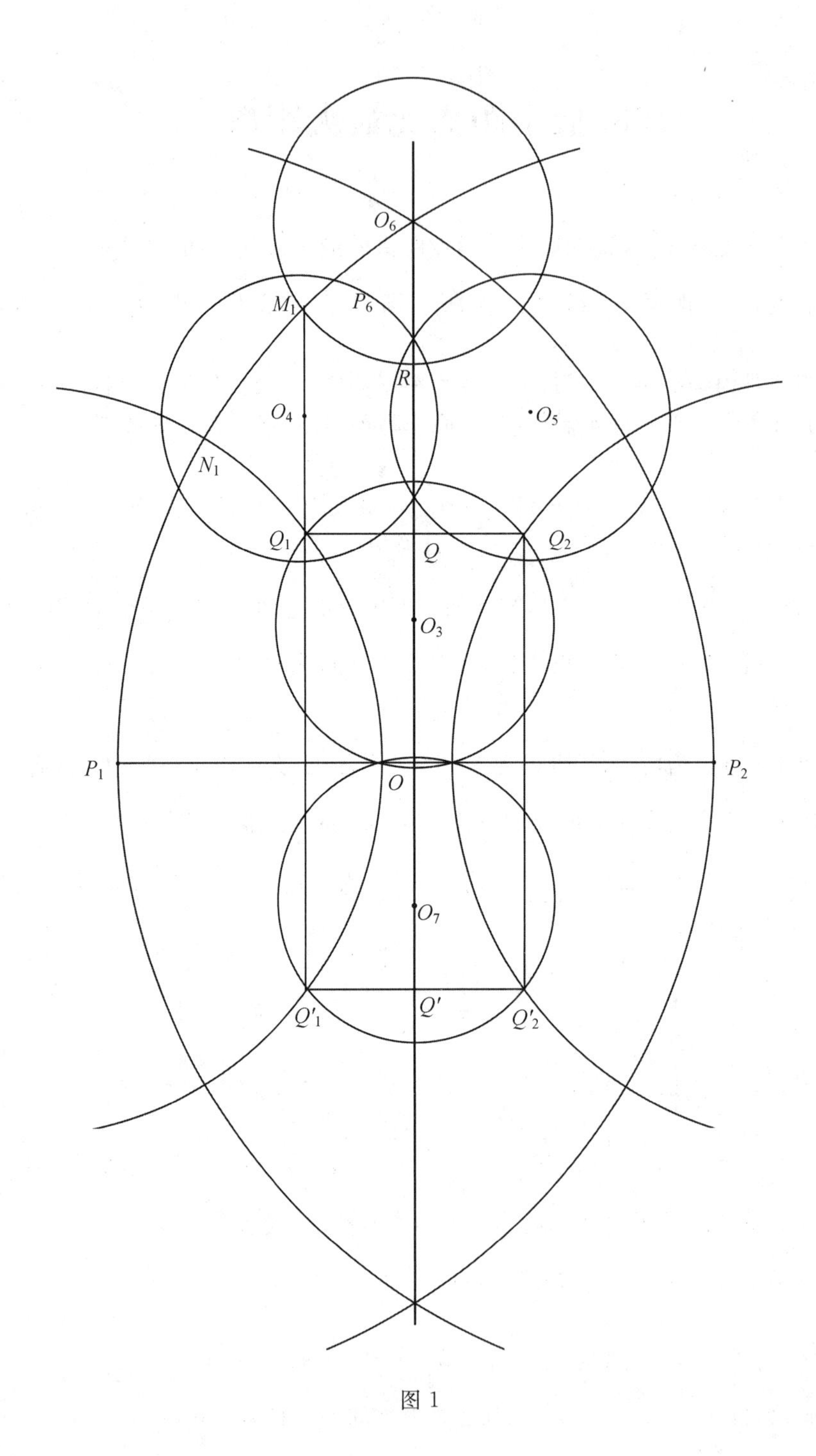


图 1

于是只需证明$\odot O_3$,$\odot O_6$及另两个直径为$\frac{\sqrt{2}}{3}$的圆可以覆盖$\Gamma$的上半部.

这一点只需用圆规直接试一试即可证实.

如果计算,设$\odot\left(P_1,\frac{\sqrt{2}}{3}\right)$与$\odot(P_2,1)$的交点为点$N_1$,$\odot O_3$与$y$轴正半轴的交点为点$L$,$\odot O_6$与$\odot(P_2,1)$的交点为点$M_1$.这些点的坐标理论上均可算出,但比较麻烦,不如在图上量一量得出$N_1(-0.38,0.45)$,$L(0,0.47)$,$M_1(-0.18,0.73)$还有$R(0,0.67)$,$Q_1(-0.20,0.37)$(或用计算机计算).

取$O_4$为$(-0.20,0.56)$,则点$O_4$与点$Q_1$,$N_1$,$M_1$,$R$,$L$的距离均小于$\frac{\sqrt{2}}{6}$,即它们均在$\odot\left(O_4,\frac{\sqrt{2}}{6}\right)$内.

由39节"邂逅"可知$\odot(P_2,1)$的弧$\overset{\frown}{M_1N_1}$也被$\odot O_4$覆盖.

$\odot O_4$关于$y$轴对称得$\odot O_5$.

四个直径为$\frac{\sqrt{2}}{3}$的圆$\odot O_3$,$\odot O_4$,$\odot O_5$,$\odot O_6$覆盖了$\Gamma$的上半部分.

于是结论成立.

诗云:如切如磋,如琢如磨.这次与尚强校长的讨论,使得这题的解答更加细致了.

# 109. 做道题玩玩

陈省身先生说:"数学好玩."

陈先生懂的多,他玩的天地广阔.我们懂的少,只能在初等数学里玩玩.

最近看到吴宇培介绍的 2019 年日本 TST,我也做一题玩玩.

若 $x,y$ 是两个实数,$x^3+y,x^2+y^2,x+y^3$ 都是整数,证明:$x,y$ 也是整数.

这道题没有什么特别的定理可用,也不需要特别的定理.

直接做吧,大概也就是一点代数与整除的知识.

设 $x^3+y=l;x^2+y^2=m;x+y^3=n;l,m,n\in\mathbf{Z}$,记 $t=xy$.

我们有

$$l+n=x^3+y^3+x+y=(x+y)(x^2+y^2-xy+1) \tag{1}$$

$$\begin{aligned}(l+n)^2&=(x+y)^2(m+1-t)^2=(m+2t)(m+1-t)^2\\&=2t^3+(m-4(m+1))t^2+(-2m(m+1)+\\&\quad 2(m+1)^2)t+m(m+1)^2\\&=2t^3-(3m+4)t^2+2(m+1)t+m(m+1)^2\end{aligned} \tag{2}$$

$$l-n=(x-y)(x^2+y^2+xy-1) \tag{3}$$

$$(l-n)^2=-2t^3-(3m-4)t^2+2(m-1)t+m(m-1)^2 \tag{4}$$

$\frac{1}{2}\times(2)+\frac{1}{2}\times(4)$,得

$$l^2+n^2=-3mt^2+2mt+m(m^2+1) \tag{5}$$

(5) 是 $t$ 的二次方程,其中系数均为整数,由求根公式得

$$t=\frac{1}{3}\pm\sqrt{b}\quad(b\text{ 为有理数}) \tag{6}$$

将(6) 代入(2),其中 $\pm\sqrt{b}$ 的系数为

$$2\left(\frac{1}{3}+b\right)-(3m+4)\cdot\frac{2}{3}+2(m+1)=2b$$

而(2) 中其他数均为有理数,于是 $b\sqrt{b}$ 为有理数,$xy=t$ 是有理数.

由(2),有理根 $t$ 的分母是 1 或 2.

由(1),$x+y$ 为有理数,而且

$$(x+y)^2=x^2+y^2+2t=m+2t$$

为整数,从而 $x+y$ 为整数.

同理 $x-y$ 为整数,所以

$$2x=(x+y)+(x-y),2y=(x+y)-(x-y)$$

均为整数.

设 $x=\frac{k}{2}$，$y=\frac{h}{2}$，$k$，$h$ 为整数，则

$$\frac{k^2+h^2}{4}=x^2+y^2=m$$

所以 $k$，$h$ 均为偶数，$x$，$y$ 为整数.

这道题玩的时间长了些，得休息了，不玩了.

再见！

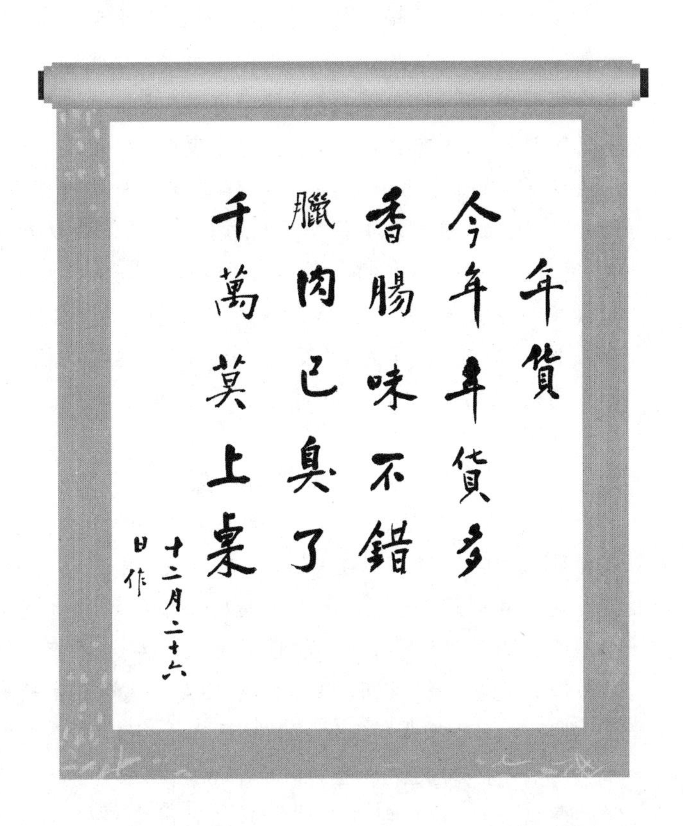

# ◎编辑手记

本书是单墫教授应笔者之邀而写的一本关于如何解题的数学小册子,这种小册子早年间非常流行.我国著名数学家像华罗庚、吴文俊、闵嗣鹤、段学复、常庚哲等都曾为中学师生写过类似的东西,篇幅很少但很受欢迎.但现在这种作品很少了,有三方面原因:一个是作者觉得写这种小书与其自身"高大上"的人设不符而不屑写;二是经销商以其"块头小"定价上不去,单本利润薄等原因而不愿卖;三是出版机构因其书号紧俏,所以不想把这有限的书号用于总码洋过小的书上.在不屑、不愿、不想三方合谋之下,此类读者喜闻乐见的读物就日渐稀少,而本书正是克服了一和三两个障碍而出版的.

单墫教授是笔者年青时代的偶像."作家"韩寒曾有一句断言:如今的年轻人方圆百里都没有一个学习的榜样.尽管其真实的文字能力社会普遍存在质疑.但这个判断基本上还是准确的.那就是时代变了人们心中的偶像也变了.

笔者的学生时代是在20世纪七八十年代,那时中学生的偶像还是非常健康阳光的.体育有女排,文艺有张瑜、龚雪、刘晓庆、陈冲,也有人说:20世纪八十年代属于文学,校园里有数不尽的文学讲座,1988年考上华东师范大学的毛尖记得,格非带着已经成名的马原去做讲座,教室里密密麻麻挤满了人,他们穿过人群,人们让出一条小路,等他们走过,小路随之合拢."那种氛围让你觉得成为一名文艺青年是一件很光荣的事情,因为你有很多同伴,因为你在一个共同体中生活."

在马原看来,造成这个现象的主要原因是,20 世纪八十年代其他行业尚未兴起,有天赋、有创造力的年轻人并无太多人生选择,"当时社会精英都挤在文学这条窄窄的路上,写作是他们能够迅速证明自己,迅速让自己成长、自信的最佳渠道."

笔者所念的师专当时数学系的几十号人都在学习写诗,北岛、海子、顾城人人皆知,反倒是那些数学大家无人问津.除了当时大力宣传的那几位如华罗庚、陈景润、杨乐、张广厚外,人们很少知道其他的数学人物,而笔者认为"文无第一,武无第二".诗与书法一样是因人而贵,普通而没有一定成就的人在诗与书法领域是很难得到认可的.在拍卖市场上于右任的字都能拍上高价而普通以书法为生的人的作品仅仅能卖出个纸墨钱.所以年轻人一定是要先尽量在数理等硬功夫上站住脚才能涉足和发展那些诗书一类靠别人评价来定高低的软实力.

文人追星与现在的年轻人追星的狂买行为一样的表现之一是购买能见到的所有与偶像相关的图书.有专家研究说历史学家夏志清读书的习惯是,只要认准了一位作者,会尽可能遍读其书.姑举一例:20 世纪上半叶有位英国的评论家叫墨瑞,现在此公已经几乎无人记起了,但夏志清在上海的时候却读了许多他的书:"墨瑞的著作当年在上海工商局图书馆藏有八九种,连他的自传我也读了."(见《杂七搭八的联想》)陀思妥耶夫斯基的情况自然也是如此.纪德呢?在《夏志清少作考》中有提及,夏志清以笔名"文丑"发表的文章《文学家与同性恋》(刊于 1944 年 10 月《小天地》第 3 期)里对纪德的著作《柯利同》(Corydon)进行了详细评介(约占全文三分之一篇幅).《柯利同》一书,在纪德的著作中属于相当偏僻、读者甚罕的一种,而夏志清居然对它产生兴趣,或许说明夏志清曾对纪德的诸多著作下过一番功夫.那么,他会购读《如果种子不死》那样极冷僻的书也就毫不奇怪了.

笔者从中学时代开始就收罗单教授和华罗庚先生的著作凡 40 年,几乎收罗殆尽.但华老的书除了那几本小册子和《数论导引》外,其余的因其艰深而均束之高阁.而单老师的书则都是买来后读之又读,并在当数学教师的那些年讲之又讲,后来遁入出版界后又有幸出版了几本单老师的大作,所以本书的出版是一个系列"追星"行为之一.有些数学家之于我辈犹如神一般的存在,可敬不可学,只供膜拜,无力效仿.而有些数学家则可全面的效仿,像单老师这种属于可敬可学,其著作大多读得懂,其日常行为也颇平民化,如淘旧书、练书法、设坛讲学、写旧体诗、针砭时弊,这些都是一个老派文人的习气.笔者对此深以为然.当然还是回到本书的内容上来.下面具体的谈几点读后感.

比如在本书的第3页的“2.好的想法，但不是好的解法”中单教授有如下评语：

> 数形结合的解法不易想到.如学生想到，应予表扬，因势利导，讲一讲很好.
>
> 如学生未想到，不要急于抛出，还是先讲平实的解法，讨论$x$的正负为好.因为教学不是向学生炫耀技巧，而是为了让学生学到知识与方法，过分炫耀技巧可能产生老师很神而我很差的副作用.这种解法可在讲过讨论正负后讲，或许效果更好.

中学数学之所以被许多学生视为畏途，一个重要原因就是老师用事先准备充分的解题技巧进行表演式的炫技，使学生倍生挫败感，单教授这个建议中肯，对教师是一个提醒.

再如本书的第17页的“13.昏昏，昭昭”中提到“贤者以其昭昭使人昭昭，今以其昏昏使人昭昭.”(《孟子·尽心下》)

令“60后”们感到“亲切”.因为毛泽东当年曾在一次讲话时引用到，然而当时大多数国人并不知其意.

在同一节单先生还指出一个现象.

> 原先因式分解，有7个公式，后来初中教材只留下3个与平方有关的，将4个与立方有关的全删了，大为不妥.可能以为这样“减负”，其实教得多，考得少，才是减负，教得少，考得多，反会增加师生及家长的负担.

用时髦的话讲，教得少，考得多的结果就是所谓的“内卷”.

再如“24.不应提倡”这一节，单教授提倡：

> 解题所用工具应尽量用最普通、最常见的.如果引用“独门武器”与“怪招”，必须先给出证明(不幸的是，这个证明往往难过原题).这些“独门武器”与“怪招”，并不能增加“功力”(数学素养)，反而增加学习负担，浪费学习时间，不足为法.

但这条建议笔者认为只适用于普通数学考试，在像奥林匹克数学竞赛，特别是较高级别的竞赛中应不受限制，否则会抑制超常学生的学习欲望，形成“内卷”. 比如在IMO中就有美国学生用到了贝蒂定理这样相对“冷僻”的定理.

单教授不仅解题一流，而且爱好广泛. 比如在“26. 自然，合理”这一节中他就举例说：

> 日本有一位超一流的围棋选手武宫正树，被人誉为“宇宙流”. 他自己说：“其实应当叫作自然流，就是棋应该下在什么地方，我就下在那个地方.”

许多数学人都爱好围棋（笔者也是棋迷，不过水平并不高），比较著名的有柯召先生，他常与Erdös下棋. 最近看到白正国先生之子白锡嘉的一篇回忆他父亲的文章，标题就是“父亲白正国的围棋情缘”.

> 我的父亲白正国生于1916年，卒于2015年. 作为国务院批准的终身教授，在相当长的一段时间里，他担任着杭州大学数学系系主任和浙江省数学会理事长，工作一直是忙忙碌碌的. 父亲之所以能活到百岁高寿，我觉得和他的那些业余爱好是分不开的：他喜欢爬山，洗冷水澡，练气功，下围棋，等等. 其中，下围棋是父亲贯穿一生的爱好，本文着重讲述他在围棋爱好方面的趣闻趣事.
>
> 我猜想，父亲是在浙江大学读书时学会下围棋的. 抗战爆发后，浙江大学西迁. 记得父亲说，当时他们在贵州湄潭一个庙里上课，后来父亲留校当了助教. 当地条件艰苦，课余时间也没有什么娱乐活动，围棋便成为爱动脑的数学系师生们的首选. 其中应当就是先是浙江大学数学系学生，后成为教师的谷超豪和卢庆骏. 谷的导师是苏步青教授，但由于父亲也给他上过课，他对父亲一直执师礼. 父亲和谷超豪就是在那段时间成了一生的挚友，同行外加棋友. 后来，20世纪50年代苏步青教授邀请父亲到复旦大学工作进修了两年，他们两人的交往更方便了. 谷三天两头往我家跑，或聊天，或下棋，或讨论专业上的问题，有时会待到很晚. 谷冬天常穿一件呢子服，俊朗潇洒. 晚饭后听到敲门声，我们几个小孩总会不约而同叫父亲，“呢子服来啦!”. 谷超豪后来获得2009年国家最高科学技术奖，有一颗小行星还被命名为谷超豪星，成就超过他的老师，那是后话. 卢庆骏已从复旦大学调到中国人民解放军军事工程学院，这期间可能也是在复旦大学进修. 闲暇无事，便来我

家坐坐，下下围棋. 卢庆骏以一个数学家转身成为我国导弹控制和精度分析的专家，也是一位传奇人物.

父亲结束了复旦大学的进修和工作后，我们全家回到了杭州，住在杭大新村，亦称河南宿舍. 这时起父亲对围棋的兴趣越发浓厚，订阅了《围棋》月刊，不时还打打谱. 棋友主要是杭大新村的一些教师和干部. 其中往来最多的是于光和翟墨新. 这两位都是老干部身份，但对知识分子尤其是高级知识分子很尊重，愿意来往，其实他们自己原本也是知识分子. 于光曾任浙江日报总编辑，文字功夫了得. 翟墨新毕业于日本早稻田大学，是留学生. 于和翟的子女，于小文，翟高斌等，和我都是杭大新村的发小(翟高斌亦喜围棋，是棋友). 记得翟墨新有一次带来一副日本棋子，是双面鼓的贝壳棋子，和中国棋子不同，很稀罕的表情，想必是他从日本带回来的. 看得出来他们下围棋时很投入，一般不多聊其他话题. 通常一个人一旦学会了下围棋，终身都会“上瘾”，有时一天不下都会难受.

据我所知，学数学的人中，同时又喜欢围棋的不在少数. 当时在浙江大学数学系里，不但下围棋的人数多，而且棋力也是各系中最强的. 父亲对围棋的爱好，似乎在其中也起了一些正面的带动作用. 20 世纪 80 年代前后，来我家下围棋的主要是数学系的老师，如施咸亮，吴少华，李中林，王传国，等等，但父亲的棋力在其中也许只是一般水平. 最强的无疑是施咸亮老师，他的棋力当在业余 5 段以上(请注意，5 不能写成五，那就成专业段位了. 业余段位只能用阿拉伯数字表示). 和于光与翟墨新有所不同，父亲只在家中与数学系教师下棋，并不“回访”，也许这与父亲的“辈分”有关. 不过那时我已学会了围棋，有一段时间经常去施咸亮和王传国家下棋.

在奥林匹克数学竞赛教练中笔者知道广州的吴伟朝先生亦是一位围棋高手.

单壿教授在本书中还提到了一个学数学人最重要的一个素质那就是“品味”. 在“60. 怎样简单”这一节中，单教授指出：

爱用熟知的套路，束缚了创造性，这是不好的. 数学中最可贵的就是创造性，应当自出机杼，不要人云亦云，依样葫芦.

再一点，就是品味也很重要，一个很繁琐的、缺乏美感(例如 $m$，$n$

的对称性)的解法,不是好解法,打心里就不喜欢,应当寻求一个简单的、清晰的、有美感的解法.

品味虽然不是判断一个人数学能力的标准,但它绝对是区分平庸与卓越的唯一标准.

本书对于热衷于解题,欲快速提高解题技巧的师生来说是十分有用的,但对笔者来说最喜欢读的一节是"88.空气一碟".

最近看到一篇介绍Erdös的帖子.

关于这位数学家,已有两本译成中文的传记《我的大脑敞开了》《数字情种》.我原先都有,后来可能送给南京师范大学附属中学了.

Erdös这名字怎么读?原先,我们都将"dö"拼成"多".但在上述传记中明确指出,他的名字应当读作"Air Dish"(空气一碟),所以译为厄尔迪什比译为厄尔多斯要准确一些.

帖中的"格林汉姆"应是Graham,曾任美国数学学会主席,但这里的"h"不发音,所以他是"一条汉子",名字中却不该出现"汉"这个字.紧接着在他后面又现出了一个中国人的名字"陈凡".这恐怕是完全译错了.上述传记都说Graham及其夫人照管Erdös的手稿、文章.他夫人金芳蓉是台湾数学家,与张圣容、李文卿是同学,尤其擅长组合.

外国人的名字译成中文,常闹笑话.如一本介绍费尔马大定理的书(在国内颇流行),其中出现一位"伊娃莎娃".这名字很容易引出绮想,以为是一位年轻美丽的女性,其实却是一位慈祥的长者——日本数学家岩沢健吉(Iwasawa Kenkichi).

国内的书籍人名翻译问题近年来广受诟病.从清华教授将"蒋介石"译为"常凯申"到有人居然将"孟子"译为"孟修斯"笑话百出.不是英文不行,是综合能力缺失,中译英亦如此.

网上有个段子:话说当年,有人把"五讲四美三热爱"翻译成英文,想到国际上去推广,翻译为:"five talks, four beauties, three loves."由于翻译很直白,效果出奇地"好",外国人到中国旅游的人次猛增,因为外国人将此理解为:"跟五个人说话,有四个是美女,其中三个可以成为情人."

笔者觉得学会解一道题不难,难的是学会一种思维方法,而难上加难的是学会一种学习生涯的规划,单墫教授在"98.大道好走"中指出:

这道题不难,我写此文是想借这个例子再一次强调很多题目往往只有一种或一两种简单而且一般的解法，我称之为正解.得到正解后，没有必要去找更多的解，尤其不要追求解的数量，寻找十几种，几十种，乃至上百种解.

寻找质量高的正解远比一题多解重要.

确实有很多人分不清解的好坏，而且特别坚持自己的并不高明的解法.敝帚自珍亦是人之常情，但嗜痂成癖就不好了.

有些学生，在奥林匹克数学方面成绩不错，甚至获得奖章，但在大学数学系却读得不好，原因当然需要具体分析.其一可能就是他们过分热衷于解题，沉湎于解初等的题，用初等方法解题，他们固步自封，在应当大步向前的时候停了下来，原地盘旋，“雪拥蓝关马不前”.这是不妥的，也是很可惜的.

（拿起镜子照照，你自己好像也有这样的毛病与恶习，哈哈！）

想起我的朋友李克正，他在读高一的时候，就自学范德瓦尔登的《代数学》，后来在工厂当工人，但高考一恢复，他就去考研究生，后来被复旦大学与中国科学技术大学两所大学录取.

我们有多余的时间，不要老想一题多解，而应多读点书，数学博大精深，需要学的东西太多了.

特别是年轻人，应趁年轻多学点真正的数学.

最后，回到开始所说的，解题还是走阳关大道为好，不要老在崎岖小路上爬行.

与单墫教授相识多年，从四十年前由于敬仰而写了两篇习作寄去请教（后来曾与单教授谈及此事，单教授说因为当时他人没在中国科学技术大学所以并没有收到，也就没能回复）到四十年后因出版“再续前缘”.单教授老当益壮，解题能力不减当年，笔者依旧酷爱数学，归来仍是少年.

最后感谢单教授用朴实无华的笔触为我们带来了常识，常识，常识，明者自明！

刘培杰

2021年2月19日

于哈工大

# 刘培杰数学工作室

# 已出版(即将出版)图书目录——初等数学

| 书　名 | 出版时间 | 定　价 | 编号 |
|---|---|---|---|
| 新编中学数学解题方法全书(高中版)上卷(第2版) | 2018－08 | 58.00 | 951 |
| 新编中学数学解题方法全书(高中版)中卷(第2版) | 2018－08 | 68.00 | 952 |
| 新编中学数学解题方法全书(高中版)下卷(一)(第2版) | 2018－08 | 58.00 | 953 |
| 新编中学数学解题方法全书(高中版)下卷(二)(第2版) | 2018－08 | 58.00 | 954 |
| 新编中学数学解题方法全书(高中版)下卷(三)(第2版) | 2018－08 | 68.00 | 955 |
| 新编中学数学解题方法全书(初中版)上卷 | 2008－01 | 28.00 | 29 |
| 新编中学数学解题方法全书(初中版)中卷 | 2010－07 | 38.00 | 75 |
| 新编中学数学解题方法全书(高考复习卷) | 2010－01 | 48.00 | 67 |
| 新编中学数学解题方法全书(高考真题卷) | 2010－01 | 38.00 | 62 |
| 新编中学数学解题方法全书(高考精华卷) | 2011－03 | 68.00 | 118 |
| 新编平面解析几何解题方法全书(专题讲座卷) | 2010－01 | 18.00 | 61 |
| 新编中学数学解题方法全书(自主招生卷) | 2013－08 | 88.00 | 261 |
| 数学奥林匹克与数学文化(第一辑) | 2006－05 | 48.00 | 4 |
| 数学奥林匹克与数学文化(第二辑)(竞赛卷) | 2008－01 | 48.00 | 19 |
| 数学奥林匹克与数学文化(第二辑)(文化卷) | 2008－07 | 58.00 | 36 |
| 数学奥林匹克与数学文化(第三辑)(竞赛卷) | 2010－01 | 48.00 | 59 |
| 数学奥林匹克与数学文化(第四辑)(竞赛卷) | 2011－08 | 58.00 | 87 |
| 数学奥林匹克与数学文化(第五辑) | 2015－06 | 98.00 | 370 |
| 世界著名平面几何经典著作钩沉——几何作图专题卷(共3卷) | 2022－01 | 198.00 | 1460 |
| 世界著名平面几何经典著作钩沉(民国平面几何老课本) | 2011－03 | 38.00 | 113 |
| 世界著名平面几何经典著作钩沉(建国初期平面三角老课本) | 2015－08 | 38.00 | 507 |
| 世界著名解析几何经典著作钩沉——平面解析几何卷 | 2014－01 | 38.00 | 264 |
| 世界著名数论经典著作钩沉(算术卷) | 2012－01 | 28.00 | 125 |
| 世界著名数学经典著作钩沉——立体几何卷 | 2011－02 | 28.00 | 88 |
| 世界著名三角学经典著作钩沉(平面三角卷Ⅰ) | 2010－06 | 28.00 | 69 |
| 世界著名三角学经典著作钩沉(平面三角卷Ⅱ) | 2011－01 | 38.00 | 78 |
| 世界著名初等数论经典著作钩沉(理论和实用算术卷) | 2011－07 | 38.00 | 126 |
| 世界著名几何经典著作钩沉(解析几何卷) | 2022－10 | 68.00 | 1564 |
| 发展你的空间想象力(第3版) | 2021－01 | 98.00 | 1464 |
| 空间想象力进阶 | 2019－05 | 68.00 | 1062 |
| 走向国际数学奥林匹克的平面几何试题诠释.第1卷 | 2019－07 | 88.00 | 1043 |
| 走向国际数学奥林匹克的平面几何试题诠释.第2卷 | 2019－09 | 78.00 | 1044 |
| 走向国际数学奥林匹克的平面几何试题诠释.第3卷 | 2019－03 | 78.00 | 1045 |
| 走向国际数学奥林匹克的平面几何试题诠释.第4卷 | 2019－09 | 98.00 | 1046 |
| 平面几何证明方法全书 | 2007－08 | 35.00 | 1 |
| 平面几何证明方法全书习题解答(第2版) | 2006－12 | 18.00 | 10 |
| 平面几何天天练上卷·基础篇(直线型) | 2013－01 | 58.00 | 208 |
| 平面几何天天练中卷·基础篇(涉及圆) | 2013－01 | 28.00 | 234 |
| 平面几何天天练下卷·提高篇 | 2013－01 | 58.00 | 237 |
| 平面几何专题研究 | 2013－07 | 98.00 | 258 |
| 平面几何解题之道.第1卷 | 2022－05 | 38.00 | 1494 |
| 几何学习题集 | 2020－10 | 48.00 | 1217 |
| 通过解题学习代数几何 | 2021－04 | 88.00 | 1301 |
| 圆锥曲线的奥秘 | 2022－06 | 88.00 | 1541 |

# 刘培杰数学工作室

# 已出版(即将出版)图书目录——初等数学

| 书　　名 | 出版时间 | 定　价 | 编号 |
|---|---|---|---|
| 最新世界各国数学奥林匹克中的平面几何试题 | 2007－09 | 38.00 | 14 |
| 数学竞赛平面几何典型题及新颖解 | 2010－07 | 48.00 | 74 |
| 初等数学复习及研究(平面几何) | 2008－09 | 68.00 | 38 |
| 初等数学复习及研究(立体几何) | 2010－06 | 38.00 | 71 |
| 初等数学复习及研究(平面几何)习题解答 | 2009－01 | 58.00 | 42 |
| 几何学教程(平面几何卷) | 2011－03 | 68.00 | 90 |
| 几何学教程(立体几何卷) | 2011－07 | 68.00 | 130 |
| 几何变换与几何证题 | 2010－06 | 88.00 | 70 |
| 计算方法与几何证题 | 2011－06 | 28.00 | 129 |
| 立体几何技巧与方法(第2版) | 2022－10 | 168.00 | 1572 |
| 几何瑰宝——平面几何500名题暨1500条定理(上、下) | 2021－07 | 168.00 | 1358 |
| 三角形的解法与应用 | 2012－07 | 18.00 | 183 |
| 近代的三角形几何学 | 2012－07 | 48.00 | 184 |
| 一般折线几何学 | 2015－08 | 48.00 | 503 |
| 三角形的五心 | 2009－06 | 28.00 | 51 |
| 三角形的六心及其应用 | 2015－10 | 68.00 | 542 |
| 三角形趣谈 | 2012－08 | 28.00 | 212 |
| 解三角形 | 2014－01 | 28.00 | 265 |
| 探秘三角形:一次数学旅行 | 2021－10 | 68.00 | 1387 |
| 三角学专门教程 | 2014－09 | 28.00 | 387 |
| 图天下几何新题试卷.初中(第2版) | 2017－11 | 58.00 | 855 |
| 圆锥曲线习题集(上册) | 2013－06 | 68.00 | 255 |
| 圆锥曲线习题集(中册) | 2015－01 | 78.00 | 434 |
| 圆锥曲线习题集(下册·第1卷) | 2016－10 | 78.00 | 683 |
| 圆锥曲线习题集(下册·第2卷) | 2018－01 | 98.00 | 853 |
| 圆锥曲线习题集(下册·第3卷) | 2019－10 | 128.00 | 1113 |
| 圆锥曲线的思想方法 | 2021－08 | 48.00 | 1379 |
| 圆锥曲线的八个主要问题 | 2021－10 | 48.00 | 1415 |
| 论九点圆 | 2015－05 | 88.00 | 645 |
| 近代欧氏几何学 | 2012－03 | 48.00 | 162 |
| 罗巴切夫斯基几何学及几何基础概要 | 2012－07 | 28.00 | 188 |
| 罗巴切夫斯基几何学初步 | 2015－06 | 28.00 | 474 |
| 用三角、解析几何、复数、向量计算解数学竞赛几何题 | 2015－03 | 48.00 | 455 |
| 用解析法研究圆锥曲线的几何理论 | 2022－05 | 48.00 | 1495 |
| 美国中学几何教程 | 2015－04 | 88.00 | 458 |
| 三线坐标与三角形特征点 | 2015－04 | 98.00 | 460 |
| 坐标几何学基础.第1卷,笛卡儿坐标 | 2021－08 | 48.00 | 1398 |
| 坐标几何学基础.第2卷,三线坐标 | 2021－09 | 28.00 | 1399 |
| 平面解析几何方法与研究(第1卷) | 2015－05 | 18.00 | 471 |
| 平面解析几何方法与研究(第2卷) | 2015－06 | 18.00 | 472 |
| 平面解析几何方法与研究(第3卷) | 2015－07 | 18.00 | 473 |
| 解析几何研究 | 2015－01 | 38.00 | 425 |
| 解析几何学教程.上 | 2016－01 | 38.00 | 574 |
| 解析几何学教程.下 | 2016－01 | 38.00 | 575 |
| 几何学基础 | 2016－01 | 58.00 | 581 |
| 初等几何研究 | 2015－02 | 58.00 | 444 |
| 十九和二十世纪欧氏几何学中的片段 | 2017－01 | 58.00 | 696 |
| 平面几何中考.高考.奥数一本通 | 2017－07 | 28.00 | 820 |
| 几何学简史 | 2017－08 | 28.00 | 833 |
| 四面体 | 2018－01 | 48.00 | 880 |
| 平面几何证明方法思路 | 2018－12 | 68.00 | 913 |
| 折纸中的几何练习 | 2022－09 | 48.00 | 1559 |
| 中学新几何学(英文) | 2022－10 | 98.00 | 1562 |
| 线性代数与几何 | 2023－04 | 68.00 | 1633 |
| 四面体几何学引论 | 2023－06 | 68.00 | 1648 |

# 刘培杰数学工作室

# 已出版(即将出版)图书目录——初等数学

| 书　　名 | 出版时间 | 定　价 | 编号 |
| --- | --- | --- | --- |
| 平面几何图形特性新析.上篇 | 2019－01 | 68.00 | 911 |
| 平面几何图形特性新析.下篇 | 2018－06 | 88.00 | 912 |
| 平面几何范例多解探究.上篇 | 2018－04 | 48.00 | 910 |
| 平面几何范例多解探究.下篇 | 2018－12 | 68.00 | 914 |
| 从分析解题过程学解题:竞赛中的几何问题研究 | 2018－07 | 68.00 | 946 |
| 从分析解题过程学解题:竞赛中的向量几何与不等式研究(全 2 册) | 2019－06 | 138.00 | 1090 |
| 从分析解题过程学解题:竞赛中的不等式问题 | 2021－01 | 48.00 | 1249 |
| 二维、三维欧氏几何的对偶原理 | 2018－12 | 38.00 | 990 |
| 星形大观及闭折线论 | 2019－03 | 68.00 | 1020 |
| 立体几何的问题和方法 | 2019－11 | 58.00 | 1127 |
| 三角代换论 | 2021－05 | 58.00 | 1313 |
| 俄罗斯平面几何问题集 | 2009－08 | 88.00 | 55 |
| 俄罗斯立体几何问题集 | 2014－03 | 58.00 | 283 |
| 俄罗斯几何大师——沙雷金论数学及其他 | 2014－01 | 48.00 | 271 |
| 来自俄罗斯的 5000 道几何习题及解答 | 2011－03 | 58.00 | 89 |
| 俄罗斯初等数学问题集 | 2012－05 | 38.00 | 177 |
| 俄罗斯函数问题集 | 2011－03 | 38.00 | 103 |
| 俄罗斯组合分析问题集 | 2011－01 | 48.00 | 79 |
| 俄罗斯初等数学万题选——三角卷 | 2012－11 | 38.00 | 222 |
| 俄罗斯初等数学万题选——代数卷 | 2013－08 | 68.00 | 225 |
| 俄罗斯初等数学万题选——几何卷 | 2014－01 | 68.00 | 226 |
| 俄罗斯《量子》杂志数学征解问题 100 题选 | 2018－08 | 48.00 | 969 |
| 俄罗斯《量子》杂志数学征解问题又 100 题选 | 2018－08 | 48.00 | 970 |
| 俄罗斯《量子》杂志数学征解问题 | 2020－05 | 48.00 | 1138 |
| 463 个俄罗斯几何老问题 | 2012－01 | 28.00 | 152 |
| 《量子》数学短文精粹 | 2018－09 | 38.00 | 972 |
| 用三角、解析几何等计算解来自俄罗斯的几何题 | 2019－11 | 88.00 | 1119 |
| 基谢廖夫平面几何 | 2022－01 | 48.00 | 1461 |
| 基谢廖夫立体几何 | 2023－04 | 48.00 | 1599 |
| 数学:代数、数学分析和几何(10－11 年级) | 2021－01 | 48.00 | 1250 |
| 直观几何学:5—6 年级 | 2022－04 | 58.00 | 1508 |
| 几何学:第 2 版.7—9 年级 | 2023－08 | 68.00 | 1684 |
| 平面几何:9—11 年级 | 2022－10 | 48.00 | 1571 |
| 立体几何.10—11 年级 | 2022－01 | 58.00 | 1472 |
| 谈谈素数 | 2011－03 | 18.00 | 91 |
| 平方和 | 2011－03 | 18.00 | 92 |
| 整数论 | 2011－05 | 38.00 | 120 |
| 从整数谈起 | 2015－10 | 28.00 | 538 |
| 数与多项式 | 2016－01 | 38.00 | 558 |
| 谈谈不定方程 | 2011－05 | 28.00 | 119 |
| 质数漫谈 | 2022－07 | 68.00 | 1529 |
| 解析不等式新论 | 2009－06 | 68.00 | 48 |
| 建立不等式的方法 | 2011－03 | 98.00 | 104 |
| 数学奥林匹克不等式研究(第 2 版) | 2020－07 | 68.00 | 1181 |
| 不等式研究(第三辑) | 2023－08 | 198.00 | 1673 |
| 不等式的秘密(第一卷)(第 2 版) | 2014－02 | 38.00 | 286 |
| 不等式的秘密(第二卷) | 2014－01 | 38.00 | 268 |
| 初等不等式的证明方法 | 2010－06 | 38.00 | 123 |
| 初等不等式的证明方法(第二版) | 2014－11 | 38.00 | 407 |
| 不等式・理论・方法(基础卷) | 2015－07 | 38.00 | 496 |
| 不等式・理论・方法(经典不等式卷) | 2015－07 | 38.00 | 497 |
| 不等式・理论・方法(特殊类型不等式卷) | 2015－07 | 48.00 | 498 |
| 不等式探究 | 2016－03 | 38.00 | 582 |
| 不等式探秘 | 2017－01 | 88.00 | 689 |
| 四面体不等式 | 2017－01 | 68.00 | 715 |
| 数学奥林匹克中常见重要不等式 | 2017－09 | 38.00 | 845 |

# 刘培杰数学工作室

# 已出版(即将出版)图书目录——初等数学

| 书　　名 | 出版时间 | 定　价 | 编号 |
| --- | --- | --- | --- |
| 三正弦不等式 | 2018－09 | 98.00 | 974 |
| 函数方程与不等式:解法与稳定性结果 | 2019－04 | 68.00 | 1058 |
| 数学不等式.第1卷,对称多项式不等式 | 2022－05 | 78.00 | 1455 |
| 数学不等式.第2卷,对称有理不等式与对称无理不等式 | 2022－05 | 88.00 | 1456 |
| 数学不等式.第3卷,循环不等式与非循环不等式 | 2022－05 | 88.00 | 1457 |
| 数学不等式.第4卷,Jensen不等式的扩展与加细 | 2022－05 | 88.00 | 1458 |
| 数学不等式.第5卷,创建不等式与解不等式的其他方法 | 2022－05 | 88.00 | 1459 |
| 不定方程及其应用.上 | 2018－12 | 58.00 | 992 |
| 不定方程及其应用.中 | 2019－01 | 78.00 | 993 |
| 不定方程及其应用.下 | 2019－02 | 98.00 | 994 |
| Nesbitt不等式加强式的研究 | 2022－06 | 128.00 | 1527 |
| 最值定理与分析不等式 | 2023－02 | 78.00 | 1567 |
| 一类积分不等式 | 2023－02 | 88.00 | 1579 |
| 邦费罗尼不等式及概率应用 | 2023－05 | 58.00 | 1637 |
| 同余理论 | 2012－05 | 38.00 | 163 |
| [x]与{x} | 2015－04 | 48.00 | 476 |
| 极值与最值.上卷 | 2015－06 | 28.00 | 486 |
| 极值与最值.中卷 | 2015－06 | 38.00 | 487 |
| 极值与最值.下卷 | 2015－06 | 28.00 | 488 |
| 整数的性质 | 2012－11 | 38.00 | 192 |
| 完全平方数及其应用 | 2015－08 | 78.00 | 506 |
| 多项式理论 | 2015－10 | 88.00 | 541 |
| 奇数、偶数、奇偶分析法 | 2018－01 | 98.00 | 876 |
| 历届美国中学生数学竞赛试题及解答(第一卷)1950－1954 | 2014－07 | 18.00 | 277 |
| 历届美国中学生数学竞赛试题及解答(第二卷)1955－1959 | 2014－04 | 18.00 | 278 |
| 历届美国中学生数学竞赛试题及解答(第三卷)1960－1964 | 2014－06 | 18.00 | 279 |
| 历届美国中学生数学竞赛试题及解答(第四卷)1965－1969 | 2014－04 | 28.00 | 280 |
| 历届美国中学生数学竞赛试题及解答(第五卷)1970－1972 | 2014－06 | 18.00 | 281 |
| 历届美国中学生数学竞赛试题及解答(第六卷)1973－1980 | 2017－07 | 18.00 | 768 |
| 历届美国中学生数学竞赛试题及解答(第七卷)1981－1986 | 2015－01 | 18.00 | 424 |
| 历届美国中学生数学竞赛试题及解答(第八卷)1987－1990 | 2017－05 | 18.00 | 769 |
| 历届国际数学奥林匹克试题集 | 2023－09 | 158.00 | 1701 |
| 历届中国数学奥林匹克试题集(第3版) | 2021－10 | 58.00 | 1440 |
| 历届加拿大数学奥林匹克试题集 | 2012－08 | 38.00 | 215 |
| 历届美国数学奥林匹克试题集 | 2023－08 | 98.00 | 1681 |
| 历届波兰数学竞赛试题集.第1卷,1949～1963 | 2015－03 | 18.00 | 453 |
| 历届波兰数学竞赛试题集.第2卷,1964～1976 | 2015－03 | 18.00 | 454 |
| 历届巴尔干数学奥林匹克试题集 | 2015－05 | 38.00 | 466 |
| 保加利亚数学奥林匹克 | 2014－10 | 38.00 | 393 |
| 圣彼得堡数学奥林匹克试题集 | 2015－01 | 38.00 | 429 |
| 匈牙利奥林匹克数学竞赛题解.第1卷 | 2016－05 | 28.00 | 593 |
| 匈牙利奥林匹克数学竞赛题解.第2卷 | 2016－05 | 28.00 | 594 |
| 历届美国数学邀请赛试题集(第2版) | 2017－10 | 78.00 | 851 |
| 普林斯顿大学数学竞赛 | 2016－06 | 38.00 | 669 |
| 亚太地区数学奥林匹克竞赛题 | 2015－07 | 18.00 | 492 |
| 日本历届(初级)广中杯数学竞赛试题及解答.第1卷(2000～2007) | 2016－05 | 28.00 | 641 |
| 日本历届(初级)广中杯数学竞赛试题及解答.第2卷(2008～2015) | 2016－05 | 38.00 | 642 |
| 越南数学奥林匹克题选:1962－2009 | 2021－07 | 48.00 | 1370 |
| 360个数学竞赛问题 | 2016－08 | 58.00 | 677 |
| 奥数最佳实战题.上卷 | 2017－06 | 38.00 | 760 |
| 奥数最佳实战题.下卷 | 2017－05 | 58.00 | 761 |
| 哈尔滨市早期中学数学竞赛试题汇编 | 2016－07 | 28.00 | 672 |
| 全国高中数学联赛试题及解答:1981—2019(第4版) | 2020－07 | 138.00 | 1176 |
| 2022年全国高中数学联合竞赛模拟题集 | 2022－06 | 30.00 | 1521 |

# 刘培杰数学工作室

# 已出版(即将出版)图书目录——初等数学

| 书　　名 | 出版时间 | 定　价 | 编号 |
|---|---|---|---|
| 20世纪50年代全国部分城市数学竞赛试题汇编 | 2017－07 | 28.00 | 797 |
| 国内外数学竞赛题及精解:2018～2019 | 2020－08 | 45.00 | 1192 |
| 国内外数学竞赛题及精解:2019～2020 | 2021－11 | 58.00 | 1439 |
| 许康华竞赛优学精选集.第一辑 | 2018－08 | 68.00 | 949 |
| 天问叶班数学问题征解100题.Ⅰ,2016－2018 | 2019－05 | 88.00 | 1075 |
| 天问叶班数学问题征解100题.Ⅱ,2017－2019 | 2020－07 | 98.00 | 1177 |
| 美国初中数学竞赛:AMC8准备(共6卷) | 2019－07 | 138.00 | 1089 |
| 美国高中数学竞赛:AMC10准备(共6卷) | 2019－08 | 158.00 | 1105 |
| 王连笑教你怎样学数学:高考选择题解题策略与客观题实用训练 | 2014－01 | 48.00 | 262 |
| 王连笑教你怎样学数学:高考数学高层次讲座 | 2015－02 | 48.00 | 432 |
| 高考数学的理论与实践 | 2009－08 | 38.00 | 53 |
| 高考数学核心题型解题方法与技巧 | 2010－01 | 28.00 | 86 |
| 高考思维新平台 | 2014－03 | 38.00 | 259 |
| 高考数学压轴题解题诀窍(上)(第2版) | 2018－01 | 58.00 | 874 |
| 高考数学压轴题解题诀窍(下)(第2版) | 2018－01 | 48.00 | 875 |
| 北京市五区文科数学三年高考模拟题详解:2013～2015 | 2015－08 | 48.00 | 500 |
| 北京市五区理科数学三年高考模拟题详解:2013～2015 | 2015－09 | 68.00 | 505 |
| 向量法巧解数学高考题 | 2009－08 | 28.00 | 54 |
| 高中数学课堂教学的实践与反思 | 2021－11 | 48.00 | 791 |
| 数学高考参考 | 2016－01 | 78.00 | 589 |
| 新课程标准高考数学解答题各种题型解法指导 | 2020－08 | 78.00 | 1196 |
| 全国及各省市高考数学试题审题要津与解法研究 | 2015－02 | 48.00 | 450 |
| 高中数学章节起始课的教学研究与案例设计 | 2019－05 | 28.00 | 1064 |
| 新课标高考数学——五年试题分章详解(2007～2011)(上、下) | 2011－10 | 78.00 | 140,141 |
| 全国中考数学压轴题审题要津与解法研究 | 2013－04 | 78.00 | 248 |
| 新编全国及各省市中考数学压轴题审题要津与解法研究 | 2014－05 | 58.00 | 342 |
| 全国及各省市5年中考数学压轴题审题要津与解法研究(2015版) | 2015－04 | 58.00 | 462 |
| 中考数学专题总复习 | 2007－04 | 28.00 | 6 |
| 中考数学较难题常考题型解题方法与技巧 | 2016－09 | 48.00 | 681 |
| 中考数学难题常考题型解题方法与技巧 | 2016－09 | 48.00 | 682 |
| 中考数学中档题常考题型解题方法与技巧 | 2017－08 | 68.00 | 835 |
| 中考数学选择填空压轴好题妙解365 | 2024－01 | 80.00 | 1698 |
| 中考数学:三类重点考题的解法例析与习题 | 2020－04 | 48.00 | 1140 |
| 中小学数学的历史文化 | 2019－11 | 48.00 | 1124 |
| 初中平面几何百题多思创新解 | 2020－01 | 58.00 | 1125 |
| 初中数学中考备考 | 2020－01 | 58.00 | 1126 |
| 高考数学之九章演义 | 2019－08 | 68.00 | 1044 |
| 高考数学之难题谈笑间 | 2022－06 | 68.00 | 1519 |
| 化学可以这样学:高中化学知识方法智慧感悟疑难辨析 | 2019－07 | 58.00 | 1103 |
| 如何成为学习高手 | 2019－09 | 58.00 | 1107 |
| 高考数学:经典真题分类解析 | 2020－04 | 78.00 | 1134 |
| 高考数学解答题破解策略 | 2020－11 | 58.00 | 1221 |
| 从分析解题过程学解题:高考压轴题与竞赛题之关系探究 | 2020－08 | 88.00 | 1179 |
| 教学新思考:单元整体视角下的初中数学教学设计 | 2021－03 | 58.00 | 1278 |
| 思维再拓展:2020年经典几何题的多解探究与思考 | 即将出版 |  | 1279 |
| 中考数学小压轴汇编初讲 | 2017－07 | 48.00 | 788 |
| 中考数学大压轴专题微言 | 2017－09 | 48.00 | 846 |
| 怎么解中考平面几何探索题 | 2019－06 | 48.00 | 1093 |
| 北京中考数学压轴题解题方法突破(第9版) | 2024－01 | 78.00 | 1645 |
| 助你高考成功的数学解题智慧:知识是智慧的基础 | 2016－01 | 58.00 | 596 |
| 助你高考成功的数学解题智慧:错误是智慧的试金石 | 2016－04 | 58.00 | 643 |
| 助你高考成功的数学解题智慧:方法是智慧的推手 | 2016－04 | 68.00 | 657 |
| 高考数学奇思妙解 | 2016－04 | 38.00 | 610 |
| 高考数学解题策略 | 2016－05 | 48.00 | 670 |
| 数学解题泄天机(第2版) | 2017－10 | 48.00 | 850 |

# 刘培杰数学工作室 已出版(即将出版)图书目录——初等数学

| 书　　名 | 出版时间 | 定　价 | 编号 |
|---|---|---|---|
| 高中物理教学讲义 | 2018－01 | 48.00 | 871 |
| 高中物理教学讲义:全模块 | 2022－03 | 98.00 | 1492 |
| 高中物理答疑解惑 65 篇 | 2021－11 | 48.00 | 1462 |
| 中学物理基础问题解析 | 2020－08 | 48.00 | 1183 |
| 初中数学、高中数学脱节知识补缺教材 | 2017－06 | 48.00 | 766 |
| 高考数学客观题解题方法和技巧 | 2017－10 | 38.00 | 847 |
| 十年高考数学精品试题审题要津与解法研究 | 2021－10 | 98.00 | 1427 |
| 中国历届高考数学试题及解答.1949－1979 | 2018－01 | 38.00 | 877 |
| 历届中国高考数学试题及解答.第二卷,1980—1989 | 2018－10 | 28.00 | 975 |
| 历届中国高考数学试题及解答.第三卷,1990—1999 | 2018－10 | 48.00 | 976 |
| 跟我学解高中数学题 | 2018－07 | 58.00 | 926 |
| 中学数学研究的方法及案例 | 2018－05 | 58.00 | 869 |
| 高考数学抢分技能 | 2018－07 | 68.00 | 934 |
| 高一新生常用数学方法和重要数学思想提升教材 | 2018－06 | 38.00 | 921 |
| 高考数学全国卷六道解答题常考题型解题诀窍:理科(全 2 册) | 2019－07 | 78.00 | 1101 |
| 高考数学全国卷 16 道选择、填空题常考题型解题诀窍.理科 | 2018－09 | 88.00 | 971 |
| 高考数学全国卷 16 道选择、填空题常考题型解题诀窍.文科 | 2020－01 | 88.00 | 1123 |
| 高中数学一题多解 | 2019－06 | 58.00 | 1087 |
| 历届中国高考数学试题及解答:1917－1999 | 2021－08 | 98.00 | 1371 |
| 2000～2003 年全国及各省市高考数学试题及解答 | 2022－05 | 88.00 | 1499 |
| 2004 年全国及各省市高考数学试题及解答 | 2023－08 | 78.00 | 1500 |
| 2005 年全国及各省市高考数学试题及解答 | 2023－08 | 78.00 | 1501 |
| 2006 年全国及各省市高考数学试题及解答 | 2023－08 | 88.00 | 1502 |
| 2007 年全国及各省市高考数学试题及解答 | 2023－08 | 98.00 | 1503 |
| 2008 年全国及各省市高考数学试题及解答 | 2023－08 | 88.00 | 1504 |
| 2009 年全国及各省市高考数学试题及解答 | 2023－08 | 88.00 | 1505 |
| 2010 年全国及各省市高考数学试题及解答 | 2023－08 | 98.00 | 1506 |
| 2011～2017 年全国及各省市高考数学试题及解答 | 2024－01 | 78.00 | 1507 |
| 突破高原:高中数学解题思维探究 | 2021－08 | 48.00 | 1375 |
| 高考数学中的“取值范围” | 2021－10 | 48.00 | 1429 |
| 新课程标准高中数学各种题型解法大全.必修一分册 | 2021－06 | 58.00 | 1315 |
| 新课程标准高中数学各种题型解法大全.必修二分册 | 2022－01 | 68.00 | 1471 |
| 高中数学各种题型解法大全.选择性必修一分册 | 2022－06 | 68.00 | 1525 |
| 高中数学各种题型解法大全.选择性必修二分册 | 2023－01 | 58.00 | 1600 |
| 高中数学各种题型解法大全.选择性必修三分册 | 2023－04 | 48.00 | 1643 |
| 历届全国初中数学竞赛经典试题详解 | 2023－04 | 88.00 | 1624 |
| 孟祥礼高考数学精刷精解 | 2023－06 | 98.00 | 1663 |
| 新编 640 个世界著名数学智力趣题 | 2014－01 | 88.00 | 242 |
| 500 个最新世界著名数学智力趣题 | 2008－06 | 48.00 | 3 |
| 400 个最新世界著名数学最值问题 | 2008－09 | 48.00 | 36 |
| 500 个世界著名数学征解问题 | 2009－06 | 48.00 | 52 |
| 400 个中国最佳初等数学征解老问题 | 2010－01 | 48.00 | 60 |
| 500 个俄罗斯数学经典老题 | 2011－01 | 28.00 | 81 |
| 1000 个国外中学物理好题 | 2012－04 | 48.00 | 174 |
| 300 个日本高考数学题 | 2012－05 | 38.00 | 142 |
| 700 个早期日本高考数学试题 | 2017－02 | 88.00 | 752 |
| 500 个前苏联早期高考数学试题及解答 | 2012－05 | 28.00 | 185 |
| 546 个早期俄罗斯大学生数学竞赛题 | 2014－03 | 38.00 | 285 |
| 548 个来自美苏的数学好问题 | 2014－11 | 28.00 | 396 |
| 20 所苏联著名大学早期入学试题 | 2015－02 | 18.00 | 452 |
| 161 道德国工科大学生必做的微分方程习题 | 2015－05 | 28.00 | 469 |
| 500 个德国工科大学生必做的高数习题 | 2015－06 | 28.00 | 478 |
| 360 个数学竞赛问题 | 2016－08 | 58.00 | 677 |
| 200 个趣味数学故事 | 2018－02 | 48.00 | 857 |
| 470 个数学奥林匹克中的最值问题 | 2018－10 | 88.00 | 985 |
| 德国讲义日本考题.微积分卷 | 2015－04 | 48.00 | 456 |
| 德国讲义日本考题.微分方程卷 | 2015－04 | 38.00 | 457 |
| 二十世纪中叶中、英、美、日、法、俄高考数学试题精选 | 2017－06 | 38.00 | 783 |

# 刘培杰数学工作室

# 已出版(即将出版)图书目录——初等数学

| 书　　名 | 出版时间 | 定　价 | 编号 |
| --- | --- | --- | --- |
| 中国初等数学研究　2009 卷(第 1 辑) | 2009－05 | 20.00 | 45 |
| 中国初等数学研究　2010 卷(第 2 辑) | 2010－05 | 30.00 | 68 |
| 中国初等数学研究　2011 卷(第 3 辑) | 2011－07 | 60.00 | 127 |
| 中国初等数学研究　2012 卷(第 4 辑) | 2012－07 | 48.00 | 190 |
| 中国初等数学研究　2014 卷(第 5 辑) | 2014－02 | 48.00 | 288 |
| 中国初等数学研究　2015 卷(第 6 辑) | 2015－06 | 68.00 | 493 |
| 中国初等数学研究　2016 卷(第 7 辑) | 2016－04 | 68.00 | 609 |
| 中国初等数学研究　2017 卷(第 8 辑) | 2017－01 | 98.00 | 712 |
| 初等数学研究在中国.第 1 辑 | 2019－03 | 158.00 | 1024 |
| 初等数学研究在中国.第 2 辑 | 2019－10 | 158.00 | 1116 |
| 初等数学研究在中国.第 3 辑 | 2021－05 | 158.00 | 1306 |
| 初等数学研究在中国.第 4 辑 | 2022－06 | 158.00 | 1520 |
| 初等数学研究在中国.第 5 辑 | 2023－07 | 158.00 | 1635 |
| 几何变换(Ⅰ) | 2014－07 | 28.00 | 353 |
| 几何变换(Ⅱ) | 2015－06 | 28.00 | 354 |
| 几何变换(Ⅲ) | 2015－01 | 38.00 | 355 |
| 几何变换(Ⅳ) | 2015－12 | 38.00 | 356 |
| 初等数论难题集(第一卷) | 2009－05 | 68.00 | 44 |
| 初等数论难题集(第二卷)(上、下) | 2011－02 | 128.00 | 82,83 |
| 数论概貌 | 2011－03 | 18.00 | 93 |
| 代数数论(第二版) | 2013－08 | 58.00 | 94 |
| 代数多项式 | 2014－06 | 38.00 | 289 |
| 初等数论的知识与问题 | 2011－02 | 28.00 | 95 |
| 超越数论基础 | 2011－03 | 28.00 | 96 |
| 数论初等教程 | 2011－03 | 28.00 | 97 |
| 数论基础 | 2011－03 | 18.00 | 98 |
| 数论基础与维诺格拉多夫 | 2014－03 | 18.00 | 292 |
| 解析数论基础 | 2012－08 | 28.00 | 216 |
| 解析数论基础(第二版) | 2014－01 | 48.00 | 287 |
| 解析数论问题集(第二版)(原版引进) | 2014－05 | 88.00 | 343 |
| 解析数论问题集(第二版)(中译本) | 2016－04 | 88.00 | 607 |
| 解析数论基础(潘承洞,潘承彪著) | 2016－07 | 98.00 | 673 |
| 解析数论导引 | 2016－07 | 58.00 | 674 |
| 数论入门 | 2011－03 | 38.00 | 99 |
| 代数数论入门 | 2015－03 | 38.00 | 448 |
| 数论开篇 | 2012－07 | 28.00 | 194 |
| 解析数论引论 | 2011－03 | 48.00 | 100 |
| Barban Davenport Halberstam 均值和 | 2009－01 | 40.00 | 33 |
| 基础数论 | 2011－03 | 28.00 | 101 |
| 初等数论 100 例 | 2011－05 | 18.00 | 122 |
| 初等数论经典例题 | 2012－07 | 18.00 | 204 |
| 最新世界各国数学奥林匹克中的初等数论试题(上、下) | 2012－01 | 138.00 | 144,145 |
| 初等数论(Ⅰ) | 2012－01 | 18.00 | 156 |
| 初等数论(Ⅱ) | 2012－01 | 18.00 | 157 |
| 初等数论(Ⅲ) | 2012－01 | 28.00 | 158 |

# 刘培杰数学工作室
# 已出版(即将出版)图书目录——初等数学

| 书　　名 | 出版时间 | 定　价 | 编号 |
|---|---|---|---|
| 平面几何与数论中未解决的新老问题 | 2013－01 | 68.00 | 229 |
| 代数数论简史 | 2014－11 | 28.00 | 408 |
| 代数数论 | 2015－09 | 88.00 | 532 |
| 代数、数论及分析习题集 | 2016－11 | 98.00 | 695 |
| 数论导引提要及习题解答 | 2016－01 | 48.00 | 559 |
| 素数定理的初等证明.第2版 | 2016－09 | 48.00 | 686 |
| 数论中的模函数与狄利克雷级数(第二版) | 2017－11 | 78.00 | 837 |
| 数论:数学导引 | 2018－01 | 68.00 | 849 |
| 范氏大代数 | 2019－02 | 98.00 | 1016 |
| 解析数学讲义.第一卷,导来式及微分、积分、级数 | 2019－04 | 88.00 | 1021 |
| 解析数学讲义.第二卷,关于几何的应用 | 2019－04 | 68.00 | 1022 |
| 解析数学讲义.第三卷,解析函数论 | 2019－04 | 78.00 | 1023 |
| 分析・组合・数论纵横谈 | 2019－04 | 58.00 | 1039 |
| Hall代数:民国时期的中学数学课本:英文 | 2019－08 | 88.00 | 1106 |
| 基谢廖夫初等代数 | 2022－07 | 38.00 | 1531 |
| 数学精神巡礼 | 2019－01 | 58.00 | 731 |
| 数学眼光透视(第2版) | 2017－06 | 78.00 | 732 |
| 数学思想领悟(第2版) | 2018－01 | 68.00 | 733 |
| 数学方法溯源(第2版) | 2018－08 | 68.00 | 734 |
| 数学解题引论 | 2017－05 | 58.00 | 735 |
| 数学史话览胜(第2版) | 2017－01 | 48.00 | 736 |
| 数学应用展观(第2版) | 2017－08 | 68.00 | 737 |
| 数学建模尝试 | 2018－04 | 48.00 | 738 |
| 数学竞赛采风 | 2018－01 | 68.00 | 739 |
| 数学测评探营 | 2019－05 | 58.00 | 740 |
| 数学技能操握 | 2018－03 | 48.00 | 741 |
| 数学欣赏拾趣 | 2018－02 | 48.00 | 742 |
| 从毕达哥拉斯到怀尔斯 | 2007－10 | 48.00 | 9 |
| 从迪利克雷到维斯卡尔迪 | 2008－01 | 48.00 | 21 |
| 从哥德巴赫到陈景润 | 2008－05 | 98.00 | 35 |
| 从庞加莱到佩雷尔曼 | 2011－08 | 138.00 | 136 |
| 博弈论精粹 | 2008－03 | 58.00 | 30 |
| 博弈论精粹.第二版(精装) | 2015－01 | 88.00 | 461 |
| 数学 我爱你 | 2008－01 | 28.00 | 20 |
| 精神的圣徒　别样的人生——60位中国数学家成长的历程 | 2008－09 | 48.00 | 39 |
| 数学史概论 | 2009－06 | 78.00 | 50 |
| 数学史概论(精装) | 2013－03 | 158.00 | 272 |
| 数学史选讲 | 2016－01 | 48.00 | 544 |
| 斐波那契数列 | 2010－02 | 28.00 | 65 |
| 数学拼盘和斐波那契魔方 | 2010－07 | 38.00 | 72 |
| 斐波那契数列欣赏(第2版) | 2018－08 | 58.00 | 948 |
| Fibonacci数列中的明珠 | 2018－06 | 58.00 | 928 |
| 数学的创造 | 2011－02 | 48.00 | 85 |
| 数学美与创造力 | 2016－01 | 48.00 | 595 |
| 数海拾贝 | 2016－01 | 48.00 | 590 |
| 数学中的美(第2版) | 2019－04 | 68.00 | 1057 |
| 数论中的美学 | 2014－12 | 38.00 | 351 |

# 刘培杰数学工作室<br>已出版(即将出版)图书目录——初等数学

| 书　名 | 出版时间 | 定　价 | 编号 |
| --- | --- | --- | --- |
| 数学王者　科学巨人——高斯 | 2015－01 | 28.00 | 428 |
| 振兴祖国数学的圆梦之旅:中国初等数学研究史话 | 2015－06 | 98.00 | 490 |
| 二十世纪中国数学史料研究 | 2015－10 | 48.00 | 536 |
| 数字谜、数阵图与棋盘覆盖 | 2016－01 | 58.00 | 298 |
| 数学概念的进化:一个初步的研究 | 2023－07 | 68.00 | 1683 |
| 数学发现的艺术:数学探索中的合情推理 | 2016－07 | 58.00 | 671 |
| 活跃在数学中的参数 | 2016－07 | 48.00 | 675 |
| 数海趣史 | 2021－05 | 98.00 | 1314 |
| 玩转幻中之幻 | 2023－08 | 88.00 | 1682 |
| 数学艺术品 | 2023－09 | 98.00 | 1685 |
| 数学博弈与游戏 | 2023－10 | 68.00 | 1692 |
| 数学解题——靠数学思想给力(上) | 2011－07 | 38.00 | 131 |
| 数学解题——靠数学思想给力(中) | 2011－07 | 48.00 | 132 |
| 数学解题——靠数学思想给力(下) | 2011－07 | 38.00 | 133 |
| 我怎样解题 | 2013－01 | 48.00 | 227 |
| 数学解题中的物理方法 | 2011－06 | 28.00 | 114 |
| 数学解题的特殊方法 | 2011－06 | 48.00 | 115 |
| 中学数学计算技巧(第2版) | 2020－10 | 48.00 | 1220 |
| 中学数学证明方法 | 2012－01 | 58.00 | 117 |
| 数学趣题巧解 | 2012－03 | 28.00 | 128 |
| 高中数学教学通鉴 | 2015－05 | 58.00 | 479 |
| 和高中生漫谈:数学与哲学的故事 | 2014－08 | 28.00 | 369 |
| 算术问题集 | 2017－03 | 38.00 | 789 |
| 张教授讲数学 | 2018－07 | 38.00 | 933 |
| 陈永明实话实说数学教学 | 2020－04 | 68.00 | 1132 |
| 中学数学学科知识与教学能力 | 2020－06 | 58.00 | 1155 |
| 怎样把课讲好:大罕数学教学随笔 | 2022－03 | 58.00 | 1484 |
| 中国高考评价体系下高考数学探秘 | 2022－03 | 48.00 | 1487 |
| 数苑漫步 | 2024－01 | 58.00 | 1670 |
| 自主招生考试中的参数方程问题 | 2015－01 | 28.00 | 435 |
| 自主招生考试中的极坐标问题 | 2015－04 | 28.00 | 463 |
| 近年全国重点大学自主招生数学试题全解及研究.华约卷 | 2015－02 | 38.00 | 441 |
| 近年全国重点大学自主招生数学试题全解及研究.北约卷 | 2016－05 | 38.00 | 619 |
| 自主招生数学解证宝典 | 2015－09 | 48.00 | 535 |
| 中国科学技术大学创新班数学真题解析 | 2022－03 | 48.00 | 1488 |
| 中国科学技术大学创新班物理真题解析 | 2022－03 | 58.00 | 1489 |
| 格点和面积 | 2012－07 | 18.00 | 191 |
| 射影几何趣谈 | 2012－04 | 28.00 | 175 |
| 斯潘纳尔引理——从一道加拿大数学奥林匹克试题谈起 | 2014－01 | 28.00 | 228 |
| 李普希兹条件——从几道近年高考数学试题谈起 | 2012－10 | 18.00 | 221 |
| 拉格朗日中值定理——从一道北京高考试题的解法谈起 | 2015－10 | 18.00 | 197 |
| 闵科夫斯基定理——从一道清华大学自主招生试题谈起 | 2014－01 | 28.00 | 198 |
| 哈尔测度——从一道冬令营试题的背景谈起 | 2012－08 | 28.00 | 202 |
| 切比雪夫逼近问题——从一道中国台北数学奥林匹克试题谈起 | 2013－04 | 38.00 | 238 |
| 伯恩斯坦多项式与贝齐尔曲面——从一道全国高中数学联赛试题谈起 | 2013－03 | 38.00 | 236 |
| 卡塔兰猜想——从一道普特南竞赛试题谈起 | 2013－06 | 18.00 | 256 |
| 麦卡锡函数和阿克曼函数——从一道前南斯拉夫数学奥林匹克试题谈起 | 2012－08 | 18.00 | 201 |
| 贝蒂定理与拉姆贝克莫斯尔定理——从一个拣石子游戏谈起 | 2012－08 | 18.00 | 217 |
| 皮亚诺曲线和豪斯道夫分球定理——从无限集谈起 | 2012－08 | 18.00 | 211 |
| 平面凸图形与凸多面体 | 2012－10 | 28.00 | 218 |
| 斯坦因豪斯问题——从一道二十五省市自治区中学数学竞赛试题谈起 | 2012－07 | 18.00 | 196 |

# 刘培杰数学工作室
# 已出版(即将出版)图书目录——初等数学

| 书　　名 | 出版时间 | 定　价 | 编号 |
|---|---|---|---|
| 纽结理论中的亚历山大多项式与琼斯多项式——从一道北京市高一数学竞赛试题谈起 | 2012－07 | 28.00 | 195 |
| 原则与策略——从波利亚"解题表"谈起 | 2013－04 | 38.00 | 244 |
| 转化与化归——从三大尺规作图不能问题谈起 | 2012－08 | 28.00 | 214 |
| 代数几何中的贝祖定理(第一版)——从一道 IMO 试题的解法谈起 | 2013－08 | 18.00 | 193 |
| 成功连贯理论与约当块理论——从一道比利时数学竞赛试题谈起 | 2012－04 | 18.00 | 180 |
| 素数判定与大数分解 | 2014－08 | 18.00 | 199 |
| 置换多项式及其应用 | 2012－10 | 18.00 | 220 |
| 椭圆函数与模函数——从一道美国加州大学洛杉矶分校(UCLA)博士资格考题谈起 | 2012－10 | 28.00 | 219 |
| 差分方程的拉格朗日方法——从一道 2011 年全国高考理科试题的解法谈起 | 2012－08 | 28.00 | 200 |
| 力学在几何中的一些应用 | 2013－01 | 38.00 | 240 |
| 从根式解到伽罗华理论 | 2020－01 | 48.00 | 1121 |
| 康托洛维奇不等式——从一道全国高中联赛试题谈起 | 2013－03 | 28.00 | 337 |
| 西格尔引理——从一道第 18 届 IMO 试题的解法谈起 | 即将出版 | | |
| 罗斯定理——从一道前苏联数学竞赛试题谈起 | 即将出版 | | |
| 拉克斯定理和阿廷定理——从一道 IMO 试题的解法谈起 | 2014－01 | 58.00 | 246 |
| 毕卡大定理——从一道美国大学数学竞赛试题谈起 | 2014－07 | 18.00 | 350 |
| 贝齐尔曲线——从一道全国高中联赛试题谈起 | 即将出版 | | |
| 拉格朗日乘子定理——从一道 2005 年全国高中联赛试题的高等数学解法谈起 | 2015－05 | 28.00 | 480 |
| 雅可比定理——从一道日本数学奥林匹克试题谈起 | 2013－04 | 48.00 | 249 |
| 李天岩－约克定理——从一道波兰数学竞赛试题谈起 | 2014－06 | 28.00 | 349 |
| 受控理论与初等不等式:从一道 IMO 试题的解法谈起 | 2023－03 | 48.00 | 1601 |
| 布劳维不动点定理——从一道前苏联数学奥林匹克试题谈起 | 2014－01 | 38.00 | 273 |
| 伯恩赛德定理——从一道英国数学奥林匹克试题谈起 | 即将出版 | | |
| 布查特－莫斯特定理——从一道上海市初中竞赛试题谈起 | 即将出版 | | |
| 数论中的同余数问题——从一道普特南竞赛试题谈起 | 即将出版 | | |
| 范·德蒙行列式——从一道美国数学奥林匹克试题谈起 | 即将出版 | | |
| 中国剩余定理:总数法构建中国历史年表 | 2015－01 | 28.00 | 430 |
| 牛顿程序与方程求根——从一道全国高考试题解法谈起 | 即将出版 | | |
| 库默尔定理——从一道 IMO 预选试题谈起 | 即将出版 | | |
| 卢丁定理——从一道冬令营试题的解法谈起 | 即将出版 | | |
| 沃斯滕霍姆定理——从一道 IMO 预选试题谈起 | 即将出版 | | |
| 卡尔松不等式——从一道莫斯科数学奥林匹克试题谈起 | 即将出版 | | |
| 信息论中的香农熵——从一道近年高考压轴题谈起 | 即将出版 | | |
| 约当不等式——从一道希望杯竞赛试题谈起 | 即将出版 | | |
| 拉比诺维奇定理 | 即将出版 | | |
| 刘维尔定理——从一道《美国数学月刊》征解问题的解法谈起 | 即将出版 | | |
| 卡塔兰恒等式与级数求和——从一道 IMO 试题的解法谈起 | 即将出版 | | |
| 勒让德猜想与素数分布——从一道爱尔兰竞赛试题谈起 | 即将出版 | | |
| 天平称重与信息论——从一道基辅市数学奥林匹克试题谈起 | 即将出版 | | |
| 哈密尔顿－凯莱定理:从一道高中数学联赛试题的解法谈起 | 2014－09 | 18.00 | 376 |
| 艾思特曼定理——从一道 CMO 试题的解法谈起 | 即将出版 | | |

# 刘培杰数学工作室
# 已出版(即将出版)图书目录——初等数学

| 书　　名 | 出版时间 | 定　价 | 编号 |
| --- | --- | --- | --- |
| 阿贝尔恒等式与经典不等式及应用 | 2018-06 | 98.00 | 923 |
| 迪利克雷除数问题 | 2018-07 | 48.00 | 930 |
| 幻方、幻立方与拉丁方 | 2019-08 | 48.00 | 1092 |
| 帕斯卡三角形 | 2014-03 | 18.00 | 294 |
| 蒲丰投针问题——从 2009 年清华大学的一道自主招生试题谈起 | 2014-01 | 38.00 | 295 |
| 斯图姆定理——从一道“华约”自主招生试题的解法谈起 | 2014-01 | 18.00 | 296 |
| 许瓦兹引理——从一道加利福尼亚大学伯克利分校数学系博士生试题谈起 | 2014-08 | 18.00 | 297 |
| 拉姆塞定理——从王诗宬院士的一个问题谈起 | 2016-04 | 48.00 | 299 |
| 坐标法 | 2013-12 | 28.00 | 332 |
| 数论三角形 | 2014-04 | 38.00 | 341 |
| 毕克定理 | 2014-07 | 18.00 | 352 |
| 数林掠影 | 2014-09 | 48.00 | 389 |
| 我们周围的概率 | 2014-10 | 38.00 | 390 |
| 凸函数最值定理:从一道华约自主招生题的解法谈起 | 2014-10 | 28.00 | 391 |
| 易学与数学奥林匹克 | 2014-10 | 38.00 | 392 |
| 生物数学趣谈 | 2015-01 | 18.00 | 409 |
| 反演 | 2015-01 | 28.00 | 420 |
| 因式分解与圆锥曲线 | 2015-01 | 18.00 | 426 |
| 轨迹 | 2015-01 | 28.00 | 427 |
| 面积原理:从常庚哲命的一道 CMO 试题的积分解法谈起 | 2015-01 | 48.00 | 431 |
| 形形色色的不动点定理:从一道 28 届 IMO 试题谈起 | 2015-01 | 38.00 | 439 |
| 柯西函数方程:从一道上海交大自主招生的试题谈起 | 2015-02 | 28.00 | 440 |
| 三角恒等式 | 2015-02 | 28.00 | 442 |
| 无理性判定:从一道 2014 年“北约”自主招生试题谈起 | 2015-01 | 38.00 | 443 |
| 数学归纳法 | 2015-03 | 18.00 | 451 |
| 极端原理与解题 | 2015-04 | 28.00 | 464 |
| 法雷级数 | 2014-08 | 18.00 | 367 |
| 摆线族 | 2015-01 | 38.00 | 438 |
| 函数方程及其解法 | 2015-05 | 38.00 | 470 |
| 含参数的方程和不等式 | 2012-09 | 28.00 | 213 |
| 希尔伯特第十问题 | 2016-01 | 38.00 | 543 |
| 无穷小量的求和 | 2016-01 | 28.00 | 545 |
| 切比雪夫多项式:从一道清华大学金秋营试题谈起 | 2016-01 | 38.00 | 583 |
| 泽肯多夫定理 | 2016-03 | 38.00 | 599 |
| 代数等式证题法 | 2016-01 | 28.00 | 600 |
| 三角等式证题法 | 2016-01 | 28.00 | 601 |
| 吴大任教授藏书中的一个因式分解公式:从一道美国数学邀请赛试题的解法谈起 | 2016-06 | 28.00 | 656 |
| 易卦——类万物的数学模型 | 2017-08 | 68.00 | 838 |
| “不可思议”的数与数系可持续发展 | 2018-01 | 38.00 | 878 |
| 最短线 | 2018-01 | 38.00 | 879 |
| 数学在天文、地理、光学、机械力学中的一些应用 | 2023-03 | 88.00 | 1576 |
| 从阿基米德三角形谈起 | 2023-01 | 28.00 | 1578 |

| | | | |
| --- | --- | --- | --- |
| 幻方和魔方(第一卷) | 2012-05 | 68.00 | 173 |
| 尘封的经典——初等数学经典文献选读(第一卷) | 2012-07 | 48.00 | 205 |
| 尘封的经典——初等数学经典文献选读(第二卷) | 2012-07 | 38.00 | 206 |

| | | | |
| --- | --- | --- | --- |
| 初级方程式论 | 2011-03 | 28.00 | 106 |
| 初等数学研究(Ⅰ) | 2008-09 | 68.00 | 37 |
| 初等数学研究(Ⅱ)(上、下) | 2009-05 | 118.00 | 46,47 |
| 初等数学专题研究 | 2022-10 | 68.00 | 1568 |

# 刘培杰数学工作室 已出版(即将出版)图书目录——初等数学

| 书 名 | 出版时间 | 定 价 | 编号 |
| --- | --- | --- | --- |
| 趣味初等方程妙题集锦 | 2014-09 | 48.00 | 388 |
| 趣味初等数论选美与欣赏 | 2015-02 | 48.00 | 445 |
| 耕读笔记(上卷):一位农民数学爱好者的初数探索 | 2015-04 | 28.00 | 459 |
| 耕读笔记(中卷):一位农民数学爱好者的初数探索 | 2015-05 | 28.00 | 483 |
| 耕读笔记(下卷):一位农民数学爱好者的初数探索 | 2015-05 | 28.00 | 484 |
| 几何不等式研究与欣赏.上卷 | 2016-01 | 88.00 | 547 |
| 几何不等式研究与欣赏.下卷 | 2016-01 | 48.00 | 552 |
| 初等数列研究与欣赏·上 | 2016-01 | 48.00 | 570 |
| 初等数列研究与欣赏·下 | 2016-01 | 48.00 | 571 |
| 趣味初等函数研究与欣赏.上 | 2016-09 | 48.00 | 684 |
| 趣味初等函数研究与欣赏.下 | 2018-09 | 48.00 | 685 |
| 三角不等式研究与欣赏 | 2020-10 | 68.00 | 1197 |
| 新编平面解析几何解题方法研究与欣赏 | 2021-10 | 78.00 | 1426 |
| 火柴游戏(第2版) | 2022-05 | 38.00 | 1493 |
| 智力解谜.第1卷 | 2017-07 | 38.00 | 613 |
| 智力解谜.第2卷 | 2017-07 | 38.00 | 614 |
| 故事智力 | 2016-07 | 48.00 | 615 |
| 名人们喜欢的智力问题 | 2020-01 | 48.00 | 616 |
| 数学大师的发现、创造与失误 | 2018-01 | 48.00 | 617 |
| 异曲同工 | 2018-09 | 48.00 | 618 |
| 数学的味道(第2版) | 2023-10 | 68.00 | 1686 |
| 数学千字文 | 2018-10 | 68.00 | 977 |
| 数贝偶拾——高考数学题研究 | 2014-04 | 28.00 | 274 |
| 数贝偶拾——初等数学研究 | 2014-04 | 38.00 | 275 |
| 数贝偶拾——奥数题研究 | 2014-04 | 48.00 | 276 |
| 钱昌本教你快乐学数学(上) | 2011-12 | 48.00 | 155 |
| 钱昌本教你快乐学数学(下) | 2012-03 | 58.00 | 171 |
| 集合、函数与方程 | 2014-01 | 28.00 | 300 |
| 数列与不等式 | 2014-01 | 38.00 | 301 |
| 三角与平面向量 | 2014-01 | 28.00 | 302 |
| 平面解析几何 | 2014-01 | 38.00 | 303 |
| 立体几何与组合 | 2014-01 | 28.00 | 304 |
| 极限与导数、数学归纳法 | 2014-01 | 38.00 | 305 |
| 趣味数学 | 2014-03 | 28.00 | 306 |
| 教材教法 | 2014-04 | 68.00 | 307 |
| 自主招生 | 2014-05 | 58.00 | 308 |
| 高考压轴题(上) | 2015-01 | 48.00 | 309 |
| 高考压轴题(下) | 2014-10 | 68.00 | 310 |
| 从费马到怀尔斯——费马大定理的历史 | 2013-10 | 198.00 | Ⅰ |
| 从庞加莱到佩雷尔曼——庞加莱猜想的历史 | 2013-10 | 298.00 | Ⅱ |
| 从切比雪夫到爱尔特希(上)——素数定理的初等证明 | 2013-07 | 48.00 | Ⅲ |
| 从切比雪夫到爱尔特希(下)——素数定理100年 | 2012-12 | 98.00 | Ⅲ |
| 从高斯到盖尔方特——二次域的高斯猜想 | 2013-10 | 198.00 | Ⅳ |
| 从库默尔到朗兰兹——朗兰兹猜想的历史 | 2014-01 | 98.00 | Ⅴ |
| 从比勃巴赫到德布朗斯——比勃巴赫猜想的历史 | 2014-02 | 298.00 | Ⅵ |
| 从麦比乌斯到陈省身——麦比乌斯变换与麦比乌斯带 | 2014-02 | 298.00 | Ⅶ |
| 从布尔到豪斯道夫——布尔方程与格论漫谈 | 2013-10 | 198.00 | Ⅷ |
| 从开普勒到阿诺德——三体问题的历史 | 2014-05 | 298.00 | Ⅸ |
| 从华林到华罗庚——华林问题的历史 | 2013-10 | 298.00 | Ⅹ |

# 刘培杰数学工作室

# 已出版(即将出版)图书目录——初等数学

| 书　名 | 出版时间 | 定　价 | 编号 |
|---|---|---|---|
| 美国高中数学竞赛五十讲.第1卷(英文) | 2014-08 | 28.00 | 357 |
| 美国高中数学竞赛五十讲.第2卷(英文) | 2014-08 | 28.00 | 358 |
| 美国高中数学竞赛五十讲.第3卷(英文) | 2014-09 | 28.00 | 359 |
| 美国高中数学竞赛五十讲.第4卷(英文) | 2014-09 | 28.00 | 360 |
| 美国高中数学竞赛五十讲.第5卷(英文) | 2014-10 | 28.00 | 361 |
| 美国高中数学竞赛五十讲.第6卷(英文) | 2014-11 | 28.00 | 362 |
| 美国高中数学竞赛五十讲.第7卷(英文) | 2014-12 | 28.00 | 363 |
| 美国高中数学竞赛五十讲.第8卷(英文) | 2015-01 | 28.00 | 364 |
| 美国高中数学竞赛五十讲.第9卷(英文) | 2015-01 | 28.00 | 365 |
| 美国高中数学竞赛五十讲.第10卷(英文) | 2015-02 | 38.00 | 366 |

| 书　名 | 出版时间 | 定　价 | 编号 |
|---|---|---|---|
| 三角函数(第2版) | 2017-04 | 38.00 | 626 |
| 不等式 | 2014-01 | 38.00 | 312 |
| 数列 | 2014-01 | 38.00 | 313 |
| 方程(第2版) | 2017-04 | 38.00 | 624 |
| 排列和组合 | 2014-01 | 28.00 | 315 |
| 极限与导数(第2版) | 2016-04 | 38.00 | 635 |
| 向量(第2版) | 2018-08 | 58.00 | 627 |
| 复数及其应用 | 2014-08 | 28.00 | 318 |
| 函数 | 2014-01 | 38.00 | 319 |
| 集合 | 2020-01 | 48.00 | 320 |
| 直线与平面 | 2014-01 | 28.00 | 321 |
| 立体几何(第2版) | 2016-04 | 38.00 | 629 |
| 解三角形 | 即将出版 |  | 323 |
| 直线与圆(第2版) | 2016-11 | 38.00 | 631 |
| 圆锥曲线(第2版) | 2016-09 | 48.00 | 632 |
| 解题通法(一) | 2014-07 | 38.00 | 326 |
| 解题通法(二) | 2014-07 | 38.00 | 327 |
| 解题通法(三) | 2014-05 | 38.00 | 328 |
| 概率与统计 | 2014-01 | 28.00 | 329 |
| 信息迁移与算法 | 即将出版 |  | 330 |

| 书　名 | 出版时间 | 定　价 | 编号 |
|---|---|---|---|
| IMO 50年.第1卷(1959-1963) | 2014-11 | 28.00 | 377 |
| IMO 50年.第2卷(1964-1968) | 2014-11 | 28.00 | 378 |
| IMO 50年.第3卷(1969-1973) | 2014-09 | 28.00 | 379 |
| IMO 50年.第4卷(1974-1978) | 2016-04 | 38.00 | 380 |
| IMO 50年.第5卷(1979-1984) | 2015-04 | 38.00 | 381 |
| IMO 50年.第6卷(1985-1989) | 2015-04 | 58.00 | 382 |
| IMO 50年.第7卷(1990-1994) | 2016-01 | 48.00 | 383 |
| IMO 50年.第8卷(1995-1999) | 2016-06 | 38.00 | 384 |
| IMO 50年.第9卷(2000-2004) | 2015-04 | 58.00 | 385 |
| IMO 50年.第10卷(2005-2009) | 2016-01 | 48.00 | 386 |
| IMO 50年.第11卷(2010-2015) | 2017-03 | 48.00 | 646 |

# 刘培杰数学工作室
# 已出版(即将出版)图书目录——初等数学

| 书　　名 | 出版时间 | 定　价 | 编号 |
|---|---|---|---|
| 数学反思(2006—2007) | 2020—09 | 88.00 | 915 |
| 数学反思(2008—2009) | 2019—01 | 68.00 | 917 |
| 数学反思(2010—2011) | 2018—05 | 58.00 | 916 |
| 数学反思(2012—2013) | 2019—01 | 58.00 | 918 |
| 数学反思(2014—2015) | 2019—03 | 78.00 | 919 |
| 数学反思(2016—2017) | 2021—03 | 58.00 | 1286 |
| 数学反思(2018—2019) | 2023—01 | 88.00 | 1593 |
| 历届美国大学生数学竞赛试题集.第一卷(1938—1949) | 2015—01 | 28.00 | 397 |
| 历届美国大学生数学竞赛试题集.第二卷(1950—1959) | 2015—01 | 28.00 | 398 |
| 历届美国大学生数学竞赛试题集.第三卷(1960—1969) | 2015—01 | 28.00 | 399 |
| 历届美国大学生数学竞赛试题集.第四卷(1970—1979) | 2015—01 | 18.00 | 400 |
| 历届美国大学生数学竞赛试题集.第五卷(1980—1989) | 2015—01 | 28.00 | 401 |
| 历届美国大学生数学竞赛试题集.第六卷(1990—1999) | 2015—01 | 28.00 | 402 |
| 历届美国大学生数学竞赛试题集.第七卷(2000—2009) | 2015—08 | 18.00 | 403 |
| 历届美国大学生数学竞赛试题集.第八卷(2010—2012) | 2015—01 | 18.00 | 404 |
| 新课标高考数学创新题解题诀窍:总论 | 2014—09 | 28.00 | 372 |
| 新课标高考数学创新题解题诀窍:必修1～5分册 | 2014—08 | 38.00 | 373 |
| 新课标高考数学创新题解题诀窍:选修2—1,2—2,1—1,1—2分册 | 2014—09 | 38.00 | 374 |
| 新课标高考数学创新题解题诀窍:选修2—3,4—4,4—5分册 | 2014—09 | 18.00 | 375 |
| 全国重点大学自主招生英文数学试题全攻略:词汇卷 | 2015—07 | 48.00 | 410 |
| 全国重点大学自主招生英文数学试题全攻略:概念卷 | 2015—01 | 28.00 | 411 |
| 全国重点大学自主招生英文数学试题全攻略:文章选读卷(上) | 2016—09 | 38.00 | 412 |
| 全国重点大学自主招生英文数学试题全攻略:文章选读卷(下) | 2017—01 | 58.00 | 413 |
| 全国重点大学自主招生英文数学试题全攻略:试题卷 | 2015—07 | 38.00 | 414 |
| 全国重点大学自主招生英文数学试题全攻略:名著欣赏卷 | 2017—03 | 48.00 | 415 |
| 劳埃德数学趣题大全.题目卷.1:英文 | 2016—01 | 18.00 | 516 |
| 劳埃德数学趣题大全.题目卷.2:英文 | 2016—01 | 18.00 | 517 |
| 劳埃德数学趣题大全.题目卷.3:英文 | 2016—01 | 18.00 | 518 |
| 劳埃德数学趣题大全.题目卷.4:英文 | 2016—01 | 18.00 | 519 |
| 劳埃德数学趣题大全.题目卷.5:英文 | 2016—01 | 18.00 | 520 |
| 劳埃德数学趣题大全.答案卷:英文 | 2016—01 | 18.00 | 521 |
| 李成章教练奥数笔记.第1卷 | 2016—01 | 48.00 | 522 |
| 李成章教练奥数笔记.第2卷 | 2016—01 | 48.00 | 523 |
| 李成章教练奥数笔记.第3卷 | 2016—01 | 38.00 | 524 |
| 李成章教练奥数笔记.第4卷 | 2016—01 | 38.00 | 525 |
| 李成章教练奥数笔记.第5卷 | 2016—01 | 38.00 | 526 |
| 李成章教练奥数笔记.第6卷 | 2016—01 | 38.00 | 527 |
| 李成章教练奥数笔记.第7卷 | 2016—01 | 38.00 | 528 |
| 李成章教练奥数笔记.第8卷 | 2016—01 | 48.00 | 529 |
| 李成章教练奥数笔记.第9卷 | 2016—01 | 28.00 | 530 |

# 刘培杰数学工作室

# 已出版(即将出版)图书目录——初等数学

| 书　　名 | 出版时间 | 定　价 | 编号 |
| --- | --- | --- | --- |
| 第19～23届"希望杯"全国数学邀请赛试题审题要津详细评注(初一版) | 2014－03 | 28.00 | 333 |
| 第19～23届"希望杯"全国数学邀请赛试题审题要津详细评注(初二、初三版) | 2014－03 | 38.00 | 334 |
| 第19～23届"希望杯"全国数学邀请赛试题审题要津详细评注(高一版) | 2014－03 | 28.00 | 335 |
| 第19～23届"希望杯"全国数学邀请赛试题审题要津详细评注(高二版) | 2014－03 | 38.00 | 336 |
| 第19～25届"希望杯"全国数学邀请赛试题审题要津详细评注(初一版) | 2015－01 | 38.00 | 416 |
| 第19～25届"希望杯"全国数学邀请赛试题审题要津详细评注(初二、初三版) | 2015－01 | 58.00 | 417 |
| 第19～25届"希望杯"全国数学邀请赛试题审题要津详细评注(高一版) | 2015－01 | 48.00 | 418 |
| 第19～25届"希望杯"全国数学邀请赛试题审题要津详细评注(高二版) | 2015－01 | 48.00 | 419 |
| 物理奥林匹克竞赛大题典——力学卷 | 2014－11 | 48.00 | 405 |
| 物理奥林匹克竞赛大题典——热学卷 | 2014－04 | 28.00 | 339 |
| 物理奥林匹克竞赛大题典——电磁学卷 | 2015－07 | 48.00 | 406 |
| 物理奥林匹克竞赛大题典——光学与近代物理卷 | 2014－06 | 28.00 | 345 |
| 历届中国东南地区数学奥林匹克试题集(2004～2012) | 2014－06 | 18.00 | 346 |
| 历届中国西部地区数学奥林匹克试题集(2001～2012) | 2014－07 | 18.00 | 347 |
| 历届中国女子数学奥林匹克试题集(2002～2012) | 2014－08 | 18.00 | 348 |
| 数学奥林匹克在中国 | 2014－06 | 98.00 | 344 |
| 数学奥林匹克问题集 | 2014－01 | 38.00 | 267 |
| 数学奥林匹克不等式散论 | 2010－06 | 38.00 | 124 |
| 数学奥林匹克不等式欣赏 | 2011－09 | 38.00 | 138 |
| 数学奥林匹克超级题库(初中卷上) | 2010－01 | 58.00 | 66 |
| 数学奥林匹克不等式证明方法和技巧(上、下) | 2011－08 | 158.00 | 134,135 |
| 他们学什么:原民主德国中学数学课本 | 2016－09 | 38.00 | 658 |
| 他们学什么:英国中学数学课本 | 2016－09 | 38.00 | 659 |
| 他们学什么:法国中学数学课本.1 | 2016－09 | 38.00 | 660 |
| 他们学什么:法国中学数学课本.2 | 2016－09 | 28.00 | 661 |
| 他们学什么:法国中学数学课本.3 | 2016－09 | 38.00 | 662 |
| 他们学什么:苏联中学数学课本 | 2016－09 | 28.00 | 679 |
| 高中数学题典——集合与简易逻辑·函数 | 2016－07 | 48.00 | 647 |
| 高中数学题典——导数 | 2016－07 | 48.00 | 648 |
| 高中数学题典——三角函数·平面向量 | 2016－07 | 48.00 | 649 |
| 高中数学题典——数列 | 2016－07 | 58.00 | 650 |
| 高中数学题典——不等式·推理与证明 | 2016－07 | 38.00 | 651 |
| 高中数学题典——立体几何 | 2016－07 | 48.00 | 652 |
| 高中数学题典——平面解析几何 | 2016－07 | 78.00 | 653 |
| 高中数学题典——计数原理·统计·概率·复数 | 2016－07 | 48.00 | 654 |
| 高中数学题典——算法·平面几何·初等数论·组合数学·其他 | 2016－07 | 68.00 | 655 |

# 刘培杰数学工作室

# 已出版(即将出版)图书目录——初等数学

| 书　　名 | 出版时间 | 定　价 | 编号 |
|---|---|---|---|
| 台湾地区奥林匹克数学竞赛试题.小学一年级 | 2017－03 | 38.00 | 722 |
| 台湾地区奥林匹克数学竞赛试题.小学二年级 | 2017－03 | 38.00 | 723 |
| 台湾地区奥林匹克数学竞赛试题.小学三年级 | 2017－03 | 38.00 | 724 |
| 台湾地区奥林匹克数学竞赛试题.小学四年级 | 2017－03 | 38.00 | 725 |
| 台湾地区奥林匹克数学竞赛试题.小学五年级 | 2017－03 | 38.00 | 726 |
| 台湾地区奥林匹克数学竞赛试题.小学六年级 | 2017－03 | 38.00 | 727 |
| 台湾地区奥林匹克数学竞赛试题.初中一年级 | 2017－03 | 38.00 | 728 |
| 台湾地区奥林匹克数学竞赛试题.初中二年级 | 2017－03 | 38.00 | 729 |
| 台湾地区奥林匹克数学竞赛试题.初中三年级 | 2017－03 | 28.00 | 730 |

| 书　　名 | 出版时间 | 定　价 | 编号 |
|---|---|---|---|
| 不等式证题法 | 2017－04 | 28.00 | 747 |
| 平面几何培优教程 | 2019－08 | 88.00 | 748 |
| 奥数鼎级培优教程.高一分册 | 2018－09 | 88.00 | 749 |
| 奥数鼎级培优教程.高二分册.上 | 2018－04 | 68.00 | 750 |
| 奥数鼎级培优教程.高二分册.下 | 2018－04 | 68.00 | 751 |
| 高中数学竞赛冲刺宝典 | 2019－04 | 68.00 | 883 |

| 书　　名 | 出版时间 | 定　价 | 编号 |
|---|---|---|---|
| 初中尖子生数学超级题典.实数 | 2017－07 | 58.00 | 792 |
| 初中尖子生数学超级题典.式、方程与不等式 | 2017－08 | 58.00 | 793 |
| 初中尖子生数学超级题典.圆、面积 | 2017－08 | 38.00 | 794 |
| 初中尖子生数学超级题典.函数、逻辑推理 | 2017－08 | 48.00 | 795 |
| 初中尖子生数学超级题典.角、线段、三角形与多边形 | 2017－07 | 58.00 | 796 |

| 书　　名 | 出版时间 | 定　价 | 编号 |
|---|---|---|---|
| 数学王子——高斯 | 2018－01 | 48.00 | 858 |
| 坎坷奇星——阿贝尔 | 2018－01 | 48.00 | 859 |
| 闪烁奇星——伽罗瓦 | 2018－01 | 58.00 | 860 |
| 无穷统帅——康托尔 | 2018－01 | 48.00 | 861 |
| 科学公主——柯瓦列夫斯卡娅 | 2018－01 | 48.00 | 862 |
| 抽象代数之母——埃米·诺特 | 2018－01 | 48.00 | 863 |
| 电脑先驱——图灵 | 2018－01 | 58.00 | 864 |
| 昔日神童——维纳 | 2018－01 | 48.00 | 865 |
| 数坛怪侠——爱尔特希 | 2018－01 | 68.00 | 866 |
| 传奇数学家徐利治 | 2019－09 | 88.00 | 1110 |

| 书　　名 | 出版时间 | 定　价 | 编号 |
|---|---|---|---|
| 当代世界中的数学.数学思想与数学基础 | 2019－01 | 38.00 | 892 |
| 当代世界中的数学.数学问题 | 2019－01 | 38.00 | 893 |
| 当代世界中的数学.应用数学与数学应用 | 2019－01 | 38.00 | 894 |
| 当代世界中的数学.数学王国的新疆域(一) | 2019－01 | 38.00 | 895 |
| 当代世界中的数学.数学王国的新疆域(二) | 2019－01 | 38.00 | 896 |
| 当代世界中的数学.数林撷英(一) | 2019－01 | 38.00 | 897 |
| 当代世界中的数学.数林撷英(二) | 2019－01 | 48.00 | 898 |
| 当代世界中的数学.数学之路 | 2019－01 | 38.00 | 899 |

# 刘培杰数学工作室

# 已出版(即将出版)图书目录——初等数学

| 书　名 | 出版时间 | 定　价 | 编号 |
|---|---|---|---|
| 105 个代数问题:来自 AwesomeMath 夏季课程 | 2019－02 | 58.00 | 956 |
| 106 个几何问题:来自 AwesomeMath 夏季课程 | 2020－07 | 58.00 | 957 |
| 107 个几何问题:来自 AwesomeMath 全年课程 | 2020－07 | 58.00 | 958 |
| 108 个代数问题:来自 AwesomeMath 全年课程 | 2019－01 | 68.00 | 959 |
| 109 个不等式:来自 AwesomeMath 夏季课程 | 2019－04 | 58.00 | 960 |
| 国际数学奥林匹克中的 110 个几何问题 | 即将出版 | | 961 |
| 111 个代数和数论问题 | 2019－05 | 58.00 | 962 |
| 112 个组合问题:来自 AwesomeMath 夏季课程 | 2019－05 | 58.00 | 963 |
| 113 个几何不等式:来自 AwesomeMath 夏季课程 | 2020－08 | 58.00 | 964 |
| 114 个指数和对数问题:来自 AwesomeMath 夏季课程 | 2019－09 | 48.00 | 965 |
| 115 个三角问题:来自 AwesomeMath 夏季课程 | 2019－09 | 58.00 | 966 |
| 116 个代数不等式:来自 AwesomeMath 全年课程 | 2019－04 | 58.00 | 967 |
| 117 个多项式问题:来自 AwesomeMath 夏季课程 | 2021－09 | 58.00 | 1409 |
| 118 个数学竞赛不等式 | 2022－08 | 78.00 | 1526 |
| 紫色彗星国际数学竞赛试题 | 2019－02 | 58.00 | 999 |
| 数学竞赛中的数学:为数学爱好者、父母、教师和教练准备的丰富资源.第一部 | 2020－04 | 58.00 | 1141 |
| 数学竞赛中的数学:为数学爱好者、父母、教师和教练准备的丰富资源.第二部 | 2020－07 | 48.00 | 1142 |
| 和与积 | 2020－10 | 38.00 | 1219 |
| 数论:概念和问题 | 2020－12 | 68.00 | 1257 |
| 初等数学问题研究 | 2021－03 | 48.00 | 1270 |
| 数学奥林匹克中的欧几里得几何 | 2021－10 | 68.00 | 1413 |
| 数学奥林匹克题解新编 | 2022－01 | 58.00 | 1430 |
| 图论入门 | 2022－09 | 58.00 | 1554 |
| 新的、更新的、最新的不等式 | 2023－07 | 58.00 | 1650 |
| 数学竞赛中奇妙的多项式 | 2024－01 | 78.00 | 1646 |
| 120 个奇妙的代数问题及 20 个奖励问题 | 2024－04 | 48.00 | 1647 |
| 澳大利亚中学数学竞赛试题及解答(初级卷)1978～1984 | 2019－02 | 28.00 | 1002 |
| 澳大利亚中学数学竞赛试题及解答(初级卷)1985～1991 | 2019－02 | 28.00 | 1003 |
| 澳大利亚中学数学竞赛试题及解答(初级卷)1992～1998 | 2019－02 | 28.00 | 1004 |
| 澳大利亚中学数学竞赛试题及解答(初级卷)1999～2005 | 2019－02 | 28.00 | 1005 |
| 澳大利亚中学数学竞赛试题及解答(中级卷)1978～1984 | 2019－03 | 28.00 | 1006 |
| 澳大利亚中学数学竞赛试题及解答(中级卷)1985～1991 | 2019－03 | 28.00 | 1007 |
| 澳大利亚中学数学竞赛试题及解答(中级卷)1992～1998 | 2019－03 | 28.00 | 1008 |
| 澳大利亚中学数学竞赛试题及解答(中级卷)1999～2005 | 2019－03 | 28.00 | 1009 |
| 澳大利亚中学数学竞赛试题及解答(高级卷)1978～1984 | 2019－05 | 28.00 | 1010 |
| 澳大利亚中学数学竞赛试题及解答(高级卷)1985～1991 | 2019－05 | 28.00 | 1011 |
| 澳大利亚中学数学竞赛试题及解答(高级卷)1992～1998 | 2019－05 | 28.00 | 1012 |
| 澳大利亚中学数学竞赛试题及解答(高级卷)1999～2005 | 2019－05 | 28.00 | 1013 |
| 天才中小学生智力测验题.第一卷 | 2019－03 | 38.00 | 1026 |
| 天才中小学生智力测验题.第二卷 | 2019－03 | 38.00 | 1027 |
| 天才中小学生智力测验题.第三卷 | 2019－03 | 38.00 | 1028 |
| 天才中小学生智力测验题.第四卷 | 2019－03 | 38.00 | 1029 |
| 天才中小学生智力测验题.第五卷 | 2019－03 | 38.00 | 1030 |
| 天才中小学生智力测验题.第六卷 | 2019－03 | 38.00 | 1031 |
| 天才中小学生智力测验题.第七卷 | 2019－03 | 38.00 | 1032 |
| 天才中小学生智力测验题.第八卷 | 2019－03 | 38.00 | 1033 |
| 天才中小学生智力测验题.第九卷 | 2019－03 | 38.00 | 1034 |
| 天才中小学生智力测验题.第十卷 | 2019－03 | 38.00 | 1035 |
| 天才中小学生智力测验题.第十一卷 | 2019－03 | 38.00 | 1036 |
| 天才中小学生智力测验题.第十二卷 | 2019－03 | 38.00 | 1037 |
| 天才中小学生智力测验题.第十三卷 | 2019－03 | 38.00 | 1038 |

# 刘培杰数学工作室

# 已出版(即将出版)图书目录——初等数学

| 书　　名 | 出版时间 | 定　价 | 编号 |
|---|---|---|---|
| 重点大学自主招生数学备考全书:函数 | 2020—05 | 48.00 | 1047 |
| 重点大学自主招生数学备考全书:导数 | 2020—08 | 48.00 | 1048 |
| 重点大学自主招生数学备考全书:数列与不等式 | 2019—10 | 78.00 | 1049 |
| 重点大学自主招生数学备考全书:三角函数与平面向量 | 2020—08 | 68.00 | 1050 |
| 重点大学自主招生数学备考全书:平面解析几何 | 2020—07 | 58.00 | 1051 |
| 重点大学自主招生数学备考全书:立体几何与平面几何 | 2019—08 | 48.00 | 1052 |
| 重点大学自主招生数学备考全书:排列组合・概率统计・复数 | 2019—09 | 48.00 | 1053 |
| 重点大学自主招生数学备考全书:初等数论与组合数学 | 2019—08 | 48.00 | 1054 |
| 重点大学自主招生数学备考全书:重点大学自主招生真题.上 | 2019—04 | 68.00 | 1055 |
| 重点大学自主招生数学备考全书:重点大学自主招生真题.下 | 2019—04 | 58.00 | 1056 |
| 高中数学竞赛培训教程:平面几何问题的求解方法与策略.上 | 2018—05 | 68.00 | 906 |
| 高中数学竞赛培训教程:平面几何问题的求解方法与策略.下 | 2018—06 | 78.00 | 907 |
| 高中数学竞赛培训教程:整除与同余以及不定方程 | 2018—01 | 88.00 | 908 |
| 高中数学竞赛培训教程:组合计数与组合极值 | 2018—04 | 48.00 | 909 |
| 高中数学竞赛培训教程:初等代数 | 2019—04 | 78.00 | 1042 |
| 高中数学讲座:数学竞赛基础教程(第一册) | 2019—06 | 48.00 | 1094 |
| 高中数学讲座:数学竞赛基础教程(第二册) | 即将出版 | | 1095 |
| 高中数学讲座:数学竞赛基础教程(第三册) | 即将出版 | | 1096 |
| 高中数学讲座:数学竞赛基础教程(第四册) | 即将出版 | | 1097 |
| 新编中学数学解题方法 1000 招丛书.实数(初中版) | 2022—05 | 58.00 | 1291 |
| 新编中学数学解题方法 1000 招丛书.式(初中版) | 2022—05 | 48.00 | 1292 |
| 新编中学数学解题方法 1000 招丛书.方程与不等式(初中版) | 2021—04 | 58.00 | 1293 |
| 新编中学数学解题方法 1000 招丛书.函数(初中版) | 2022—05 | 38.00 | 1294 |
| 新编中学数学解题方法 1000 招丛书.角(初中版) | 2022—05 | 48.00 | 1295 |
| 新编中学数学解题方法 1000 招丛书.线段(初中版) | 2022—05 | 48.00 | 1296 |
| 新编中学数学解题方法 1000 招丛书.三角形与多边形(初中版) | 2021—04 | 48.00 | 1297 |
| 新编中学数学解题方法 1000 招丛书.圆(初中版) | 2022—05 | 48.00 | 1298 |
| 新编中学数学解题方法 1000 招丛书.面积(初中版) | 2021—07 | 28.00 | 1299 |
| 新编中学数学解题方法 1000 招丛书.逻辑推理(初中版) | 2022—06 | 48.00 | 1300 |
| 高中数学题典精编.第一辑.函数 | 2022—01 | 58.00 | 1444 |
| 高中数学题典精编.第一辑.导数 | 2022—01 | 68.00 | 1445 |
| 高中数学题典精编.第一辑.三角函数・平面向量 | 2022—01 | 68.00 | 1446 |
| 高中数学题典精编.第一辑.数列 | 2022—01 | 58.00 | 1447 |
| 高中数学题典精编.第一辑.不等式・推理与证明 | 2022—01 | 58.00 | 1448 |
| 高中数学题典精编.第一辑.立体几何 | 2022—01 | 58.00 | 1449 |
| 高中数学题典精编.第一辑.平面解析几何 | 2022—01 | 68.00 | 1450 |
| 高中数学题典精编.第一辑.统计・概率・平面几何 | 2022—01 | 58.00 | 1451 |
| 高中数学题典精编.第一辑.初等数论・组合数学・数学文化・解题方法 | 2022—01 | 58.00 | 1452 |
| 历届全国初中数学竞赛试题分类解析.初等代数 | 2022—09 | 98.00 | 1555 |
| 历届全国初中数学竞赛试题分类解析.初等数论 | 2022—09 | 48.00 | 1556 |
| 历届全国初中数学竞赛试题分类解析.平面几何 | 2022—09 | 38.00 | 1557 |
| 历届全国初中数学竞赛试题分类解析.组合 | 2022—09 | 38.00 | 1558 |

# 刘培杰数学工作室
# 已出版(即将出版)图书目录——初等数学

| 书 名 | 出版时间 | 定 价 | 编号 |
|---|---|---|---|
| 从三道高三数学模拟题的背景谈起:兼谈傅里叶三角级数 | 2023－03 | 48.00 | 1651 |
| 从一道日本东京大学的入学试题谈起:兼谈 $\pi$ 的方方面面 | 即将出版 | | 1652 |
| 从两道 2021 年福建高三数学测试题谈起:兼谈球面几何学与球面三角学 | 即将出版 | | 1653 |
| 从一道湖南高考数学试题谈起:兼谈有界变差数列 | 2024－01 | 48.00 | 1654 |
| 从一道高校自主招生试题谈起:兼谈詹森函数方程 | 即将出版 | | 1655 |
| 从一道上海高考数学试题谈起:兼谈有界变差函数 | 即将出版 | | 1656 |
| 从一道北京大学金秋营数学试题的解法谈起:兼谈伽罗瓦理论 | 即将出版 | | 1657 |
| 从一道北京高考数学试题的解法谈起:兼谈毕克定理 | 即将出版 | | 1658 |
| 从一道北京大学金秋营数学试题的解法谈起:兼谈帕塞瓦尔恒等式 | 即将出版 | | 1659 |
| 从一道高三数学模拟测试题的背景谈起:兼谈等周问题与等周不等式 | 即将出版 | | 1660 |
| 从一道 2020 年全国高考数学试题的解法谈起:兼谈斐波那契数列和纳卡穆拉定理及奥斯图达定理 | 即将出版 | | 1661 |
| 从一道高考数学附加题谈起:兼谈广义斐波那契数列 | 即将出版 | | 1662 |

| | | | |
|---|---|---|---|
| 代数学教程.第一卷,集合论 | 2023－08 | 58.00 | 1664 |
| 代数学教程.第二卷,抽象代数基础 | 2023－08 | 68.00 | 1665 |
| 代数学教程.第三卷,数论原理 | 2023－08 | 58.00 | 1666 |
| 代数学教程.第四卷,代数方程式论 | 2023－08 | 48.00 | 1667 |
| 代数学教程.第五卷,多项式理论 | 2023－08 | 58.00 | 1668 |

联系地址:哈尔滨市南岗区复华四道街 10 号　哈尔滨工业大学出版社刘培杰数学工作室

网　　址:http://lpj.hit.edu.cn/

邮　　编:150006

联系电话:0451－86281378　　13904613167

E-mail:lpj1378@163.com